人怎样变成巨人

КАК ЧЕЛОВЕК СТАЛ ВЕЛИКАНОМ

第一部

Илья Яковлевич Маршак
& Е. Сегал

[俄] 伊林 谢加尔———著

王汶———译

北京联合出版公司
Beijing United Publishing Co.,Ltd.

序

这本书是用来纪念俄罗斯作家阿列克塞·马克西莫维奇·彼什科夫（笔名高尔基）的。

书的主题是他提示的。

他跟本书作者之一谈话的时候说：

> 您知道，我将怎样开始写这本书吗？请想象一下那无边无际的空间。恒星，星云……在那巨大的星云深处的某个地方燃烧起了太阳。从太阳分离出行星。在一颗不大的行星上，物质活跃起来了，开始创造自己。于是出现了人……

为了实现高尔基的遗愿，两位作者早在 1936 年就开始编写这样的故事，关于怎样出现了人，他曾经怎样学习、工作和思想，他怎样征服了火和铁，他怎样为了征服自然而斗争，他怎样认识和改造世界。

关于人的故事将分成几部。

在第一部里讲的是原始人的故事。在第二部和第三部里讲述人和人类思想的历史，从古代讲到近代科学的发轫，讲到显微镜和望远镜的发明。

目 录

第一部

第一部

第一章

在看不见的笼子里

从前有过一个时期，人不是巨人，而是侏儒；不是自然的主人，而是它的奴隶。

他跟森林里任何一只野兽一样，跟天空中任何一只鸟儿一样，很少有支配自然的权力，也很少有自由。

有这样一句俗语：跟鸟儿一样自由。

可难道鸟儿可以说是自由的吗？

不错，鸟儿有翅膀。有翅膀，就可以随便飞到哪儿去——可以飞过森林，飞过海洋，飞过山谷。

可真是这样的吗？难道鸟儿作远距离飞行是因为喜欢旅行吗？不，它们飞行不是由于癖好，它们出于不得已。

冬天，许多种鸟儿都不能住在寒冷的地方。几百万年来，那些飞到暖和地方去过冬的鸟儿都保全了性命，而那些留在原地的鸟儿都死了。这样，经过鸟儿的无数代为生存进行的斗争，它们养成了每年迁徙的习惯。

鸟儿也不能自由选择迁徙的路径。要是它们能自由地、有意识地选择自己的路径，那可以把旅程缩短几百甚至几千千米。可是它们常常绕远路，兜着大圈子飞，因为当年它们的祖先就是这样迁徙的。

如果鸟儿可以随意从一个地方飞到另外一个地方，那每一种鸟类都应该很早就遍布地球各处了。

要真是这样，那我们就会在俄罗斯的松树林和桦树林里遇见披着绿色和红色羽毛的鹦鹉，就会听见头上的云雀熟悉的歌声了。这种事情不会发生，也不可能发生，因为鸟儿完全不像看上去那样自由。每一种鸟类都有它在地球上一定的住处，有的住在茂密的森林里，有的住在草原上，有的住在海边。

鹰的翅膀是多么有力啊！可是连它给自己选择住处的时候，也不能飞过某条在地图上可以画得出来的界线。苍鹰绝不会在平坦的、没有树林的草原上筑自己的巨巢。而草原鹰也绝不会住到树林里去。

好像有一堵看不见的墙把森林和草原隔开了，不是任何一种走兽、任何一种飞鸟都能越过这堵墙的。

你绝不会在草原上遇见森林的土著居民：松鸡、戴菊莺和松鼠。在树林里也找不到草原上的居民：野雁、鸨鸟和跳鼠。

就连每一座森林、每一片草原的内部也被许多看不见的墙壁隔成了许多独立的小世界。

在森林里散步

你在森林里散步的时候，常常会穿过无形的墙壁。而你在爬树的时候，是在用头冲破无形的天花板。整个森林跟一幢大楼一样，分成许多层许多间，虽然你肉眼看不见它们。

真的，你在森林里散步的时候，会注意到森林在变换。云杉林的那边是松树林。有些地方的松树长得高一些，有些地方的长得矮一些；有些地方在脚下

沙沙作响的是绿色的青苔，另外一些地方长着修长的草，再一些地方长着白色的地衣。

在住在乡村别墅里的人看来——全部都是树林，但是如果你去问一问植物学家，他就会告诉你，这里不是一片森林，而是四片森林。在潮湿的低地上，生长着云杉，底下铺着一层厚厚的长苔，仿佛是柔软的羽毛被。走过去一些，在沙土的斜坡上，是松树林和绿苔，里面有许多越橘和红酸果。再往高一些，在沙土的山丘上面，生长的是针叶树林和白苔。而到了潮湿一些的地方，是草似的针叶树林。

你不知不觉地穿过了三堵无形的墙，它们隔开了四个森林世界。

如果森林也跟住宅一样，挂着一些写着住户姓名的小牌，那么在云杉林的

边缘，你就会看见在树上挂着许多小牌子，上面写着这样一些名字，比如："云杉交嘴雀""黄雀""戴菊莺""三趾啄木鸟"……

在阔叶树林的边缘，你会读到另一些"姓名"。你会在那里找到绿啄木鸟、金翅雀、青山雀、花鹨、柳莺、黑头莺、百舌鸟和许多别的鸟。

每一片树林都分成几层。

松树林有两层，有时候有三层。底下一层是青苔和草，中间一层是灌木丛，上面一层是松树。

在槲树林里整整有七层。

最上面的一层是高耸入云的槲树、白蜡树、菩提树和槭树，它们枝条盘

曲的树冠在森林上面形成一个屋顶：夏季是绿色的，秋季是五颜六色的。下面一层——齐槲树的半腰——耸起着花楸、野苹果和梨树的树梢。

再下面一层，榛树、山楂和桃叶卫矛等灌木丛的枝丫和叶子互相交织着，灌木丛的下面生长着草和花。可是连它们也分成了好几层。风铃草比其他所有的花草都耸得高。它们的下面，在蕨类植物中间开着铃兰花和山罗花。在再低一点的地方生长着紫罗兰和草莓。紧挨着地面匍匐着叶状的青苔。

地底下还有一层地下室，在那里住着森林里的花草树木的根。

树林——不论是阔叶的还是针叶的——每一层都有它自己的居民。

在树上高处，鹰住在它自己的巢里。往下一些，啄木鸟在树洞里住了下来。在灌木丛里，树莺给自己做了窠。在地面上散步的是楼下的住户——丘鹬。在地底下，在地窖里，林鼠在挖掘着它们的地道和储藏室。

这所巨大的建筑物里面的房间是各式各样的。上面的几层既明亮又干燥，下面的几层既黑暗又潮湿。楼房里还有一些凉爽的房间，只有夏天才可以住。另外也有一些暖和的房间，一年四季都可以住。

在地底下掘的洞就是暖和的房间。有一次，有人在冬天测试了一米半深的地洞

里的温度。原来在地面上是 -18℃的时候，洞里是 8℃，而里面并没有任何取暖设备！

树洞里要冷得多了，冬天住在树洞里会冻死的。但是夏天那里却很舒服，尤其对于猫头鹰和蝙蝠，它们从家里飞出去上"夜班"，白天却要找一个离阳光远一些的黑暗的角落去打盹。

人们常常更换住宅，从这套房子搬到那套房子，从这一层搬到那一层。可是在森林里，这一层的住户却不大容易和另外一层的住户调换住宅。

丘鹬是不肯把自己又潮又黑的住宅调换成一间干燥的充满阳光的阁楼的。而阁楼上的住户——鹰——也不会把自己的巢筑在靠近树根的地面上。

森林里的囚徒

让我们来想象：假定松鼠突然想和跳鼠交换一下住宅。松鼠是住在森林里的，跳鼠是住在草原或荒野上的。

松鼠的家在高高的树上，在树洞里或者枝丫间。而跳鼠却住在地洞里。

为了搬进新的住宅，跳鼠就不得不爬树了。可是这件事它是办不到的，因为它的爪子完全不适宜爬树。

至于松鼠，它也不能住到地底下去，它所有的癖性和习惯都适宜在树上生活。

只要瞧一瞧它的尾巴和爪子，就可以正确说出它在什么地方住。

松鼠的爪子便于抓住树枝，采摘坚果和松果。而它的尾巴是真正的降落伞。它从这根树枝跳到另外一根树枝的时候，尾巴可以在空中支撑它。在它为了逃避追扑它的貂鼠而做杂技表演似的跳跃的时候，尾巴可以救助它。

草原上的居民——跳鼠的尾巴和爪子完全是另一个样子。在一望无际的草原上，没有一丛可以躲进去的灌木，也没有一棵可以爬上去的树。要逃避敌人，就必须快跑，钻到地底下去，

躲藏得无影无踪。跳鼠就是这样做的。它一看见猫头鹰或者雕鸮，就连蹿带跳地逃开它们，钻到地洞里去。因此它的爪子是这样的。它蹿跳的时候，用长长的后爪往前蹬，用短短的前爪掘地，躲到地洞里面逃避敌人。地洞里冬暖夏凉。

那么尾巴又是什么样的呢？跳鼠的尾巴是爪子的忠实助手。跳鼠用后腿坐着东张西望的时候，尾巴像第三条腿似的，给它做成一个支架。它蹿跳的时候，尾巴像个舵一样控制蹿跳的方向。如果没有尾巴，跳鼠就会在空中翻跟头，摔在地上。

　　为了交换住宅，把森林改作草原，把树洞改作地洞，跳鼠和松鼠就得同时交换一下尾巴和爪子才行。

　　如果我们再多认识一些森林里和草原上的其他居民的话，我们就会发现，每一种动物都像是被一条无形的锁链固定在一定的位置上，这条锁链不容易扯断，有时候甚至根本扯不断。

　　比如说丘鹬吧，它之所以住在森林的下面一层，是因为它的食物是贮藏在地底下的。它的长喙适宜取得地下的虫。丘鹬在树上无事可干。所以你不会看见丘鹬待在树梢上。而三趾啄木鸟或大的斑啄木鸟却很少被看到在地面上。啄木鸟整天在某一棵云杉或桦树的周围打转。

　　它在那里啄些什么，它在树皮上或树皮下面寻找着些什么呢？

　　如果我们把云杉的皮剥一片下来看看，就会看见许多弯弯曲曲的通道，这些通

道是云杉的长期住户和食客——云杉食皮虫所穿凿的。每一条通道的末端都是一个摇篮，食皮虫的幼虫在这个摇篮里面变成蛹，之后再变成甲虫。啄木鸟的喙结实有力，它毫不费力地把树皮凿穿。它的舌头又长又软，它就用这条舌头把幼虫从通道里舔出来。

这就形成了一条锁链：云杉——云杉食皮虫——啄木鸟。

这仅仅是把啄木鸟锁在树上、锁在树林里的许多条锁链中的一条。

啄木鸟在树上给自己寻找食物：不仅是找食皮虫，还找许多别的昆虫和它们的幼虫。冬天，它把松果嵌在枝干之间，毫不费力地把松果里面的松仁钳出来。它在树干上给自己凿一个洞来做巢。它的富于弹性的尾巴和尖而长的爪子便于攀住树干。既然这样，怎么还能让啄木鸟离开树去别处生活呢？

这样看来，啄木鸟和松鼠不仅是森林里的居民，而且还是森林里的囚徒。

鱼怎样爬上了岸

森林是合成整个大世界的许多小世界之一。

地球上不只有森林和草原，还有山谷、苔原、海洋、湖泊。

在每一座山上，都有无形的墙壁把一个个山岭的小世界隔开。

每一片海都被无形的楼板在水面下分作许多层。

紧挨着岸边，在被海浪拍击的区域里，石头上点缀着无数的贝壳，那些贝壳牢牢地待在自己的地方，连激浪都冲不走它们。

再深一些，在被阳光照耀着的水里，各种颜色的鱼在褐色和绿色的海草间游泳，透明的水母在摆荡着，海星在海底慢慢地爬行。岩石上住着些古怪的动物，它们跟植物一样固定在那里，它们用不着自己去寻找食物，食物自己会送到它嘴里去。像双口瓶子一样的红色珊瑚虫把食物连海水一块儿吸进肚里，透明的海葵用像花瓣一样的触手捕捉游过它身旁的小鱼。

在海的最底部、最黑暗的一层里，完全是另外一个世界，在那里，夜从来不由白昼来替换，那里没有风浪，永远是一样的寒冷，一样的阴暗。在海洋深处没有阳光，因此也就没有水草，水草是需要阳光的。

海底——这是一片黑暗的墓地，动物和植物的遗骸都从上面掉到这里来。

但是连这里也有它自己的生活。

有长长的触须的十只脚的虾，在松软的淤泥上踯躅着。阔嘴巴的鱼在黑暗里游

来游去。有一种鱼根本没有眼睛。另外一种鱼的眼睛像两个望远镜筒似的突出着。瞧，一条身上有许多小亮点的鱼游过去了，就像驶过一艘灯火辉煌的小轮船一样。瞧，又是一条，它的头上顶着一座灯塔——一支高高的柄上挂着一盏灯。

这个没有阳光的奇怪世界和我们所住的这个世界是多么不同啊！

就是海岸边的浅水地带，也完全不像陆地。虽然隔开它们的只有一条线——海岸线。

这个世界的居民能不能搬到另外一个世界去呢？鱼类能不能够从海里走出来，做一个陆地上的居民呢？

这好像是不可能的。鱼是适宜于过水里的生活的。要它能搬到岸上来住，它需要有肺，而不是鳃；需要有腿，而不是鳍。鱼只能在它不再做鱼的时候，才能从海里搬到陆地上来。

难道鱼能够不再做鱼吗？

如果你拿这个问题去问科学家的话，他们会告诉你，在很早很早的时期，有几种鱼真的爬上了岸，不再做鱼了。这个从水里搬到陆地上来的过程不只持续了一年，也不只持续了两年，而是持续了几百万年。

事情发生在将要干涸的浅海和浅水湖里。那些不适应在慢慢干涸的水潭里生活的鱼类逐渐死亡了，剩下的越来越少了。只有那些没有水也能长久生活的鱼类活了下来。它们在干旱的时候钻到泥里去，或者设法用鳍像用脚爪那样爬到附近的水洼里去。

生活本身好像不断地在寻找和选择能够适应陆上生活的、身体上每一个小小的变化。这个自然的选择使某几种鱼变得越来越适应陆上生活了。鱼鳔慢慢地变成肺，成对的鳍发展成脚爪。

人没有能观察到这个变化的过程：这个变化发生的时候，还没有人类呢。但是

那些死去的动物的骨骸遗留了下来，它们告诉我们动物世界的古代历史。如今也还有这样的生物生存着，它们使我们有可能去阐明几百万年前所发生的事。

在澳洲将要干涸的河里，现在还住着一种角齿鱼，它的鱼鳔很像肺。在干旱的日子，河水变浅了，变成一连串污浊的泥水潭子，别的鱼都死了，腐烂的尸体使水里充满了毒质。只有这一种角齿鱼不怕旱。它除了鳃之外，还有肺。它只消把头从水里伸出来，就可以呼吸到新鲜空气了。

在非洲和南美洲还有这样的鱼，它们可以长期没有水也活得了。它们在干旱的日子钻进泥里去，躺在那里用肺呼吸，直到下雨为止。

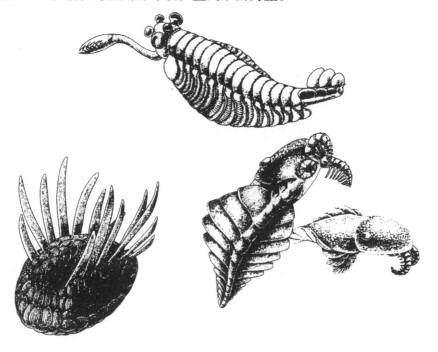

鱼就是像这样发展出来肺的。

可是还有脚呢！这里也有一个有趣的例子。在热带有一种会跳的鱼，它不仅能在岸上跳，还能爬树。它用成对的鳍当作脚。

这些奇怪的生物都是生动的证据，证明鱼能够爬上岸来。可是我们从哪里知道，它们确实从水里爬了出来呢？

死去的动物的遗骸告诉我们这件事情。人们在古代的地层深处，找出了一种动物的骨骸，它有许多地方像鱼，但是它已经不是鱼了，而是一种像青蛙和蝾螈一样的两栖动物。这种动物——坚头类的鳍已经不是鳍了，而是真正的有五个爪子的脚了。坚头类从水里爬出来的时候，可以用这样的脚在陆地上爬行，虽然它爬得很慢。

至于那些普通的青蛙呢，在它们年幼时期，在蝌蚪的阶段，就是在现代，它们跟鱼也没有什么差别。

所有这些使我们得出一个结论：在很早的古代，有几种鱼迈过了把海洋和陆地分隔开的那条界线。但是这样一来，它们就变成了另外一种动物。从鱼类变成了两栖动物，从两栖动物变成了爬行动物。而从爬行动物渐渐有了兽类和鸟类，其中有许多种已经忘记了回到海里去的那条路了。

从一个囚笼走入另一个囚笼

那些把海和陆地隔开、把森林和草原隔开的墙不是永存的墙。海会干涸或者把陆地淹没。草原会变成沙漠。海里的居民会爬上岸来。森林里的居民会变成草原上的居民。

比如说马吧。现在真教人难以相信了，马是从过去一种在密林里钻来钻去、敏捷地在倒下的树干之间爬来爬去的小兽变成的。这种小兽的脚和马的蹄不一样，那是一种分成五个趾头的脚爪。用这种脚爪，可以很方便地抓牢任何不平的森林地面。

可是森林越来越稀疏，把地盘让给了草原。在森林里的马的祖先不得不常常走到空旷的地带去了。在那里，危险临头的时候没有地方藏躲，只好拼命奔逃。只有腿长跑得最快的才能够生存，才能够逃避猛兽。

生活在这里也进行选择：寻找和保留身体上所有有利于飞奔的东西，而把那些没有用处的淘汰掉了。

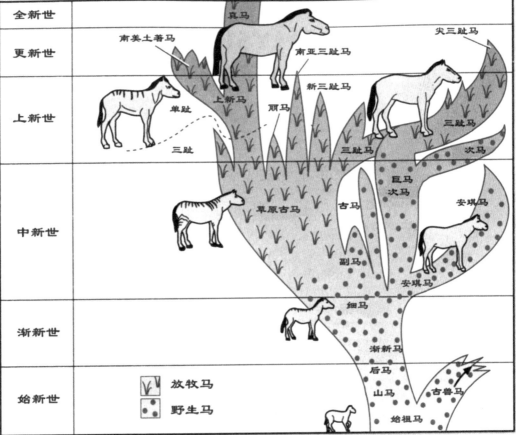

生活对马的祖先进行了考验之后发现，为了飞奔，它的脚上不需要有许多脚趾：只要有一个脚趾就够了，不过这个脚趾必须很结实、很坚硬。于是起初出现了脚上只长三个趾头的马，之后又出现了只长一个趾头的马。我们现代的马的脚上只有一个趾头，上面长着坚硬的蹄。

在草原上，马不仅脚趾起了变化，它的整个外形都改变了。比如说脖子吧，要是腿越变越长，而脖子还是和原来一样短，结果马就会闹得没法吃自己脚下的草了。这样的事并没有发生，因为生活"淘汰"了短脖子，就像"淘汰"了短腿一样。

还有牙齿呢！它们也改变了。在草原上，马不得不改吃粗糙的硬的食物，吃这种食物是需要用牙齿咀嚼的，于是牙齿也得到了选择。现代的马的牙齿像磨臼，像锉刀，用这种牙齿不仅可以嚼细硬的青草，还可以嚼细秸秆。

这些对于脚、脖子和牙齿的选择和淘汰的巨大工作花费了很长的时间——整整五千万年。生物体的这种改变真不知道花了多少时间！

动物很难走出自己的小世界，很难挣断那条把它和周围自然环境连在一起的锁链，而且就是把这条锁链扯断了，它仍然不会得到自由。

走出一个无形的囚笼，它又走进了另一个囚笼。马从森林里走到了草原上，它就不再是森林动物了，而是变成了草原动物。鱼爬上了陆地，它截断了自己回到海里去的路，为了回到海里去，它必须重新改变才行。那些从陆地上回到海里去的动物正是这样做了，它们的脚变成了鳍脚，变成了鳍。比如说鲸吧，它不得不变得跟鱼这么相像，使得不知道的人把它唤作"鲸鱼"，虽然它只是外表和生活方式像鱼罢了。

人类在走向自由

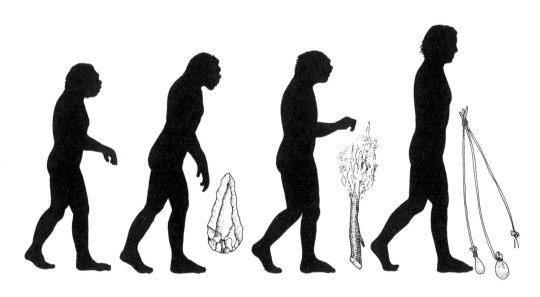

人类进化图

地球上大约有一百万种形形色色的动物，每种动物都住在自己所适应的小世界里。

在那里，对于一种动物写着："禁止入内"，对于另一种动物写着："欢迎！欢迎！"

你试把白熊移住到热带的森林里去看看。它在那里会像在浴室里一样热得喘不过气来：它的皮袄是没法脱下来的。

而热带的居民——象——如果到了北极的冰天雪地里，也就要冻死了：它正像在浴室里应该做的那样，光着身子呢。

世界上只有一个地方，在那里白熊与象能够会面；在那里可以看见生活在地球各个纬度上的动物；在那里离开森林兽类两步，就住着草原兽类；在那里和草原兽类并排住着的是山岭居民。这个地方就是——动物园。

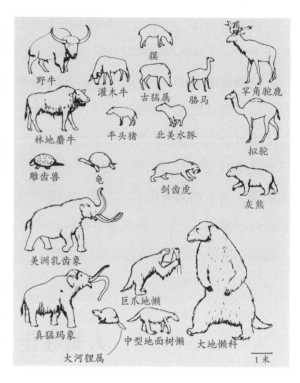

野牛 貘 灌木牛 古猯属 骆马 罕角驼鹿 林地麝牛 平头猪 北美水豚 拟驼 雕齿兽 龟 剑齿虎 灰熊 美洲乳齿象 巨爪地懒 真猛玛象 大河狸属 中型地面树懒 大地懒科 1米

在动物园里，南非洲位于澳洲旁边，澳洲和北美洲比邻。全世界的兽类都聚集

在动物园里。不过它们不是自己集合在一起的，是人类把它们收集到一块儿的。

人类对于这种活口的收集需要操多大的心啊！每种野兽都在它自己特殊的小世界里住惯了，需要给它一个和这个小世界相像的环境才行。

为了这一种动物，需要在水池子里造一片海洋；为了另一种动物，要在二十平方米大的场地上造一片沙漠。要关心，使野兽吃得饱饱的，同时不让它们互相残害；要给白熊预备洗澡的冷水；要使猴子暖和；要使狮子按时领到它的那份生肉；要使鹰能够有地方来伸展翅膀。

人的处境却和它们完全不同。

难道可以把住在森林里的人唤作"森林人"，把住在沼泽地带的人唤作"沼泽人"吗？

当然不可以。

住在森林里的人也能够住在草原上，而住在沼泽地带的人如果能够搬到干燥的地方去，他只有高兴。

人类在随便什么地方都可以居住。对于人类，地球上所不能去的地方，只有写着"禁止人类入境"的地方，剩下的几乎没有。俄罗斯的北极探险队员们在浮冰上面住过九个月。如果他们需要到最热的沙漠里去旅行，他们的成就也不会比在北极差。

想从草原搬到森林里去，或者从森林搬到草原上去，人不需要改造自己的脚、手和牙齿。从南方到北方，他也不会因为身上没有毛而冻死。皮袄、帽子和长筒靴能保护他抵御寒冷，并不比毛保护野兽差。

人学会了在地面上飞跑，比马还快。但是为了这个，他连一个脚指头都不用牺牲。

人学会了在水里面游得比鱼还快。但是为了这个，他也用不着把自己的手和脚变成鳍。

当初那些征服天空的爬行动物，花费了几百万年的工夫，好不容易才变成了鸟，而且它们是付出了相当大的代价的：它们失去了前脚，前脚变成了翅膀。可是人类只用了几百年的工夫就征服了天空，而且他也并没有因此而失去了两只手。

人类想出了方法，丝毫不用改变自己的样子，穿过那些把动物囚禁起来的无形的墙。

他上升到空气稀薄得不够呼吸的高度，还活生生地健康地从那里回到地面上来。

苏联的平流层飞行员打破了当时的升高纪录，他们这样做就等于抬高了生命世界的天花板，迈出了住着各种生物的世界的界线。

世界上所有的生物都像奴隶般地服从自然。你在演算题目的时候，你的答案是根据题目条件得出来的。这儿也这样，每种动物都是由生活来解答的题目。题目的条件是动物的生存条件，答案却是各种各样的脚掌、翅膀、鳍、喙、爪子、癖性和习惯……得出来答案是要看动物必须在什么地方住和怎样住：在水里还是

在陆地上，在咸水里还是在淡水里，在靠岸的地方还是在大海里，在深水里还是在海面上，在北方还是在南方，在山上还是在平地，在地面上还是在地底下，在草原上还是在森林里，跟这一批邻居搭伙还是跟另外一批搭伙。

动物的一切都服从它自己的生存条件。

而人却自己给自己制造这些条件。他越来越经常从自然的手里抢过它的习题本来，涂改了对于自己不合适的条件。

在自然的习题本上说："沙漠里水很少。"人却引几条线条分明的运河穿过沙漠。

习题本上说："北方的土壤贫瘠。"人却向土里施肥料。

习题本上说："冬天寒冷，夜晚黑暗。"

人和动物进化对比

人却不管这一套，他在自己的家里把冬天变作夏天，把夜晚变作白昼。

人越来越改变了自己周围的自然。

那围绕着我们的森林，由于采伐和栽培，早就不是它当初的面貌了。

我们的草原也不是当初的草原，它们已经被人耕种过了。

我们的家畜——马、牛、羊——这都是野生自然界里所没有的动物，它们已经被人驯养了。

连野兽都为了人类而改变了它们的癖性。

有的野兽住得离人很近，住到耕田旁边，为了弄到些什么吃的过活。

有的却相反，为了躲避人类，搬到过去没有它们踪迹的那些密林里去了。

将来，没有被人改造过的野生的自然界，只能保留在自然保护区里。

人在划定自然保护区界线的时候，仿佛在向自然说："我允许你在这里面做主人，而外边就是我的地盘了。"

人越来越把自然征服了。

但是从前并不是这样的。

我们远古的祖先也跟别的野兽、跟他们的亲族一样，是自然的奴隶。

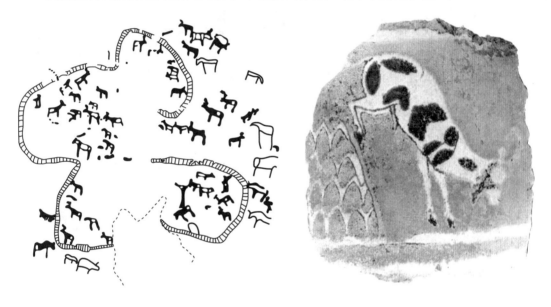

和祖先见面

几百万年前，在现在的这些长着森林和灌木丛的地方，生长着另外一些完全不同的森林——不同种类的树，不同种类的动物，不同种类的草。

在这些森林里，桦树、菩提树和槭树跟桃金娘、月桂和木兰并排生长着。和榛树比邻生长着葡萄，离质朴的垂柳不远，盛开着樟树和龙脑树的花。

那巨大的槲树立在比它更巨大的巨杉旁边，显得像个侏儒。

如果把我们现代的森林比作房子，那么这种古代的森林简直不是房子，而是真正的摩天大楼。

"摩天大楼"的最上面几层又明亮，又热闹。在艳丽的大花朵之间，形形色色的鸟儿飞鸣着。猿猴在树上荡来荡去，从这棵树跳到那棵树。

瞧，一群猿猴跑过树枝，像跑过桥一样。母亲把孩子搂在怀里，把嚼烂了的水果和坚果塞在它们的嘴里。年纪大一些的孩子抓着母亲的脚。一

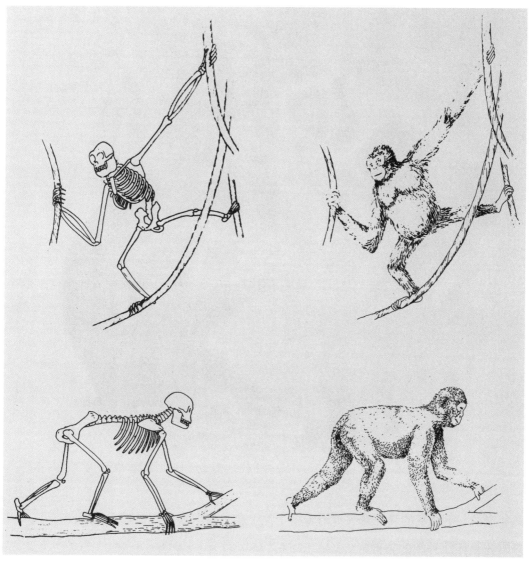

　　只年老的、毛茸茸的领袖熟练地沿着树干往上爬，整群猿猴都追随在它后面。

　　这是什么种类的猿猴呢?

在现代，无论在哪个动物园里也看不到这种猿猴了。

就是从这种猿猴产生出人类，产生出黑猿，产生出大猿。我们遇见了我们森林里的古代祖先。

科学家用希腊语管它们叫"dryopithecus"，意思是"森林古猿"[1]。

森林古猿是森林里最高一层的居民。

森林古猿在森林里几十米高的地方游荡，像沿着飞桥、游廊和阳台一样。

森林就是它们的家。它们用树枝在树木的丫杈间给自己做窠过夜。

森林就是它们的堡垒。它们藏在森林的最高的几层里，躲避那有剑似的长牙的、跟它们有不共戴天之仇的敌人——剑齿虎。

森林就是它们的仓库。在那上面，在树枝之间，贮藏着大量的食物——水果和坚果。

可是为了能住在紧靠森林屋顶的地方，它们一定要会抓住树枝，会沿着树干奔跑，会从这棵树跳到那棵树，会攫取和采摘水果，会咬坚果。要有善于紧紧抓住树

---

[1] 据古人类学家后来研究的结果，认为森林古猿不是人类的直接祖先，只是现代猿类的祖先。人类的祖先叫作拉玛古猿。

枝的指爪，要有敏锐的视觉，要有坚利的牙齿。

我们的祖先不是被一条锁链，而是被许多条锁链锁在森林里；不仅是被锁在森林里，而且是被锁在森林的最上面一层里。人究竟是怎样挣断这些锁链的呢？森林动物究竟是怎样毅然逃出了自己的囚笼——迈过了森林的边界线的呢？

第二章

主人公和他的亲属

你还记得那些古老的小说吧。那种小说的作者不慌不忙地叙述着冗长的故事。在前面几章里，他总是把小说主人公所有亲属的最详细的情形告诉读者。

岩画

读者看了几页，知道主人公的祖母年轻的时候怎样打扮得花枝招展，他母亲在结婚前夜做了一个什么样的梦。然后，接着详细地讲述关于主人公最初的几颗牙齿的事，讲他最初学会说的几句话，讲他最初迈的几步路和最初的嬉戏等等。约莫写了十章之后，主人公进学校了，写到第二卷的末尾，主人公谈恋爱了；在第三卷里，他克服了所有的困难，终于结婚了；于是小说就以一个尾声结束，尾声里说，主人公和他的妻子已经是白发苍苍，在欣赏着他们红脸蛋的孙子怎样在迈最初的几步踉跄的步子。

在这本书里，我们也想叙述人的生活和冒险。我们想效法古时候那些可敬的小说家，叙述我们主人公的远祖和近亲们的事情，讲他在哪儿出世，讲他怎样学走路、说话和思想，讲他的生活斗争，还讲他的悲哀和快乐、胜利和失败。

在这里，我们必须承认，我们从一开始就遇到了很大的困难。

到底怎样描写主人公的"祖母"，就是那个我们从她传下种来的猿祖母呢？她早已不在人世了啊！前面一章所讲的和祖先见面的事，只有在博物馆里才会发生。但是甚至于在博物馆里也不容易看见我们祖母的整个外貌，因为她总共只剩下了在亚洲和欧洲各地找到的几根骨头。

讽刺达尔文的漫画

我们主人公的亲戚们——他的"表兄弟"和"表姐妹"们的情形却要好一些。

在人类早已走出了热带森林，名副其实地用两条腿站起来的时候，他的近亲们——大猿和黑猿——还是照旧做着粗野的森林居民。有许多人不喜欢想起自己可怜的亲戚们。还有许多人认为，任何说到人和黑猿有同一位祖母的话都是侮辱。

不久以前，在美国，事情甚至闹到了法庭。法官审问一位学校教师，说他竟敢告诉孩子们，人和猿有亲缘关系。法庭里聚集了许多人。几个受人尊敬的公民衣服袖子上戴着臂章来出席。臂章上写着：

　　我们不是猿猴，也不让人把我们变成猿猴。

那位可怜的学校教师根本就没打算把这些蠢驴变成猿猴，却被落在他头上的冰雹一样的罪状打呆了。在回答法官严厉审问的时候，他一定在想："法官是不是疯了？像这样子为了九九表也可以判罪啊！"

这场审判依照所有诉讼手续的程序进行。询问了证人们，之后让被告自己辩护。最后法官宣读判决书道：

　　一、认为人和猿没有亲缘关系。

　　二、学校教师罚款一百元。

现代的美国法官就这样把关于人类起源的整个科学都"改变"了过来。

但是真理是很固执的，它是不会被法律判决书改变过来的。

我们的亲戚罗莎和拉法哀尔

几年前，在科尔图希村（现在的巴甫洛夫村），伟大的科学家伊万·彼得罗维奇·巴甫洛夫[1]的实验室里运来了两只黑猿——一只名字叫拉法哀尔，一只名字叫罗莎。

平时，人遇见了自己可怜的森林亲戚们，总是招待得不太客气：立刻把它们关进笼子去。可是这一回，人们却非常亲切地招待了从非洲森林里来的客人们。给它们一整座住宅，里面有卧室、饭厅、浴室、游戏室和学习室。卧室里安放了很舒服的床，床的旁边是床头桌。饭厅里的桌子上铺了雪白的台布，食橱搁板上放满了食物。

---

[1] 伊万·彼得罗维奇·巴甫洛夫（1849—1936），俄国生理学家，研究动物的高级神经活动，提出了两个信号系统的学说。

在这舒适的住宅里，没有一样东西会令人想到，它的住户不是人而是黑猿。吃饭的时候，桌子上排列着碗碟，放着汤匙。夜晚，还有床上铺好了的被子，仔细地拍松了的枕头。可是这两位客人一搬进来，就完全不按照规矩过活：吃饭的时候，把汤匙推开，直接从碟子里啜蜜饯糖果吃；临睡觉的时候，它们不把头放在枕头上，而把枕头放在头上。

罗莎和拉法哀尔的生活方式虽然不完全跟人一样，可也相差不远。

比如说，罗莎不比随便哪一位主人差，它会对付食橱上的那串钥匙。这串钥匙平时总是搁在看守人的衣兜里。罗莎偷偷地走到看守人背后，轻轻地把手伸进看守人的衣兜里去拿钥匙。只一转眼，它已经到了饭厅里食橱的旁边了。它爬上椅子，小心地把钥匙插进钥匙孔。在玻璃橱门后边，杏子在一堆葡萄下面，从玻璃罐里透出诱人的黄澄澄的颜色，钥匙一转——那串葡萄已经在罗莎的手里了。

还有拉法哀尔呢！你要是看见它在上课时候的样子，那才有趣呢！它的教育用具是一只装着杏子的小桶和许多大小不同的方木块。这些方木块比孩子们玩的积木大好几倍。其中最大的一块跟椅子一样高，最小的一块也不比脚踏凳低。装着杏子的小桶挂在天花板上。课题是要想办法把杏子拿来吃。

起先，拉法哀尔怎么也解决不了这个难题。

在它自己的家里，在森林里，它常常爬上树去采果子，但是这里的果子不是挂在树枝上，而是悬空挂着。这里除了方木块，再没有一样可以爬上去的东西。可就是爬上了那块最大的方木块，也还是够不到杏子。

拉法哀尔在把方木块搬弄来搬弄去的时候，无意中发现了一件事：如果把方木块放在方木块上面，离杏子就不太远了。慢慢地，拉法哀尔用三块、四块、五块方木块垒成"金字塔"了。对于它，这是一件相当不容易的事。垒方木块不能乱来，得按着一定的顺序：先放大的，然后放小一些的，最后放最小的。

有好几次，拉法哀尔都错误地把大木块垒在小木块上。这样，整个建筑物开始可怕地摇晃起来。

好像"金字塔"立刻就会和拉法哀尔一块儿倒下来了，但是事情毕竟没有闹到这步田地：拉法哀尔和猿猴一样机灵。

好不容易问题解决了。拉法哀尔把所有的七块方木块按着它们的大小顺序垒了起来，就好像它认得方木块上写着的号码一样。

当它够到了小桶，便心满意足地蹲在摇摇晃晃的"金字塔"尖上，吃起那真是它自己挣得的杏子来。

还有哪一种动物能够像人一样地支配自己呢！难道能够想狗会用方木块来建造"金字塔"吗？而狗是很聪明的动物啊。

你瞧着拉法哀尔怎样动作，它跟人相像的地方实在教人惊奇。瞧，它拿起一块木块，掮在肩膀上，用手扶着，送到"金字塔"上去。但是这块不合适。拉法哀尔把这块木块搁在地上，坐在上面，好像在想什么。它休息了一会儿之后，又开始干起来——修正了它上一次的错误。

能不能把黑猿变成人

可是能不能教黑猿和人一样地走路、说话、思想和工作呢？

从前，有名的驯兽家杜洛夫曾经幻想过这样的事。他花费了很多心血，训练他心爱的黑猿米木斯。米木斯是一个很聪明的学生：它学会了使用汤匙，系上餐巾，坐在椅子上喝汤，不会把汤泼在台布上，甚至于还学会了从小山上坐雪橇滑下来。

可惜，无论如何，杜洛夫也没有把它

变成人。

这是容易明白的。人跟黑猿在很久很久以前就分道扬镳了。人的祖先从树上下到地上，开始用两只脚走路，用两只手工作。而黑猿的祖先却留在树上，而且更加适应这种生活了。

因此黑猿的身体构造和人完全不一样。它的手和人不一样，脚和人不一样，脑子和人不一样，舌头和人不一样。

请你看一看黑猿的手，它的手的构造和人完全不同。黑猿的大拇指比小拇指小，而且不像我们的大拇指那样叉开得这么远。大拇指是最有用的一个指头，它是那叫作手的五人工作队里最主要的一员。它可以和其余四个手指中随便哪一个协同工作，也可以和它们四个一起工作。因此，我们的手才能够这样灵巧地使用各种各样的工具。

黑猿要从树枝上采下果子来的时候，它常常用两只手攀住树枝，用脚去抓果子。在地上走路的时候，它用屈着手指的两手撑着地。这就是说，它常常把脚当作手用，把手当作脚用。

除了脚和手的构造之外，还有一样很要紧的东西，而试验把黑猿变成人的驯兽师往往把这点给忘记了。他们忘记了，黑猿的脑子比人的脑子要小得多，而且构造也没有人的脑子这样复杂。

研究人的脑子已经有许多年的伊万·彼得罗维奇·巴甫洛夫很有兴趣地观察他的客人——罗莎和拉法哀尔的一举一动。有人告诉我们，他有时候在黑猿的屋子里停留很久，研究它们的行为。而它们的行为真是最没有意思的、最没有秩序的。它们还没有来得及做完这一件事，就又开始做那一件事。

瞧，拉法哀尔在一本正经地建造它的"金字塔"。突然，它看见了一个皮球，就把方木块都扔开了，用长满了毛的手去拍

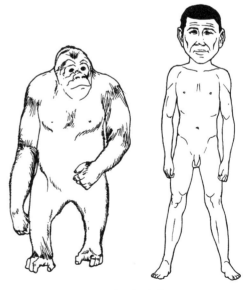

人与猿对比

皮球。过了一会儿，把皮球又忘记了：拉法哀尔的注意力已经被一只在地板上爬着的苍蝇吸引住了。

有一次，伊万·彼得罗维奇瞧着黑猿的毫无秩序的无谓纷扰，他大概出神了，自言自语地说：

"一团糟，一团糟！"

猿的混乱动作显然反映了它们脑子工作的混乱，完全不像人的脑子那样有条有理，能全神贯注地工作。

有一天，一位电影导演到罗莎和拉法哀尔的住宅里去，想给它们拍电影。按照导演所编的脚本，必须把黑猿放出去，自由一会儿。黑猿刚一得到自由，马上就爬到最近的一棵树上，用两只手抓住树枝，欢天喜地荡起秋千来了。它们感觉到在树上比在自己舒服讲究的住宅里自在得多。

在非洲老家，黑猿住在森林的最高一层。它在树枝上做自己的窠。它爬到树上去逃避敌人。它在树上找食物——水果和坚果。

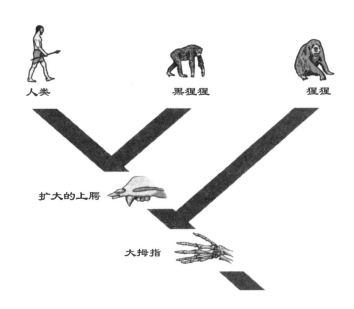

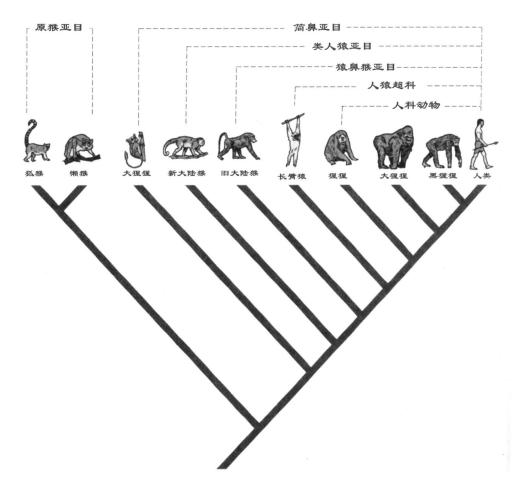

它这样适应树上的生活，使得它在笔直的树干上跑路比在平地上容易得多。在那些没有森林的地方，你是不会找到黑猿的。

有一位科学家曾经到非洲喀麦隆去观察黑猿在自己的老家里怎样生活。

这位科学家捉了十只黑猿，让它们住在自己园子旁边的树林里，好让它们感觉到和住在自己的家里一样。为了不让它们逃走，他为它们建造了一个瞧不见的笼子。造这只笼子只用两种工具——斧子和锯子。

依照科学家的设计，伐木工人把那一小片树林周围的所有树木都砍光了，使这片树林成了旷野里的一座树林岛。科学家就把那几只黑猿放在这座小岛上。

科学家的想法是对的：黑猿是森林动物。这就是说，它不会自愿离开树林。猿猴不可能住在空旷的地方，就像白熊不可能住在沙漠里一样。

可是如果黑猿不能够离开树林，那么它的亲戚——人又怎么能够离开树林呢？

我们的主人公学走路

我们的森林里的祖先跑出自己的笼子，不是在一天里，也不是在一年里。在它自由到可以从森林里走到草原上、走到没有森林的平原上之前，经过了几十万年。

森林动物要能够挣断把它锁在森林里的那条锁链，一定要先从树上下来，学会在地面上走路。

就是在我们这个时代，人学会走路也不是一件容易的事。去过托儿所的人都知道，那里有一群特别的婴孩——爬行的婴孩。爬行的婴孩是那些已经不想老待在一个地方、可还不会走路的婴孩。要经过好几个月，爬行的婴孩才好不容易变成会走的婴孩。在地面上走，不用两手撑着地，也不用扶着周围的东西，这岂是闹着玩的吗！这比学会骑自行车还难得多哩。

可如果说婴孩需要几个月工夫才学会走路，那么我们的祖先要学会这个就不是用几个月，而是用了几千年。

不错，我们的祖先还住在树上的时候，有时候也到地面上来停留一会儿。

可能在那个时候，它不总是用手扶着地，而是用后脚向前跑两三步，就像黑猿有时做的那样。

不过，两三步是一回事儿，五十步或一百步却是另外一回事儿了。

脚怎样让手解放出来去工作

我们的森林里的祖先还住在树上的时候，它已经学会了不像用脚那样地用手了。它用手采摘水果和坚果，用手在树木的丫杈间做窠。

可是正是那只能够抓起坚果的手，自然也就能抓起石头和木棍来。手里抓着石头或是木棍——这还是那只手，只是变得更长、更有力了。

石头可以敲破那些用牙齿咬不开的、壳非常硬的坚果。木棍可以从地下掘出可以吃的植物的根。

像这样，我们的祖先就越来越经常地采用新的方法去寻找食物。它用木棍从泥土里挖掘植物的茎和根。它用石头敲凿老树墩，从里面寻找昆虫的幼虫。

可是要使手能工作，一定要把它从另外一件事情中解放出来，就是走路。手干的事越多，脚也只能越来越经常地单独去应付走路。

就像这样，手逼着脚要它单独走路，脚就让手解放出来去工作。

于是地球上出现了一种新的、以前从来没见过的生物，它用后脚走路，用前脚工作。

从外表上看，这种生物还很像野兽。可是如果你能看见它怎样使用木棍或石头，你就立刻会说：这种生物已经很像人了。

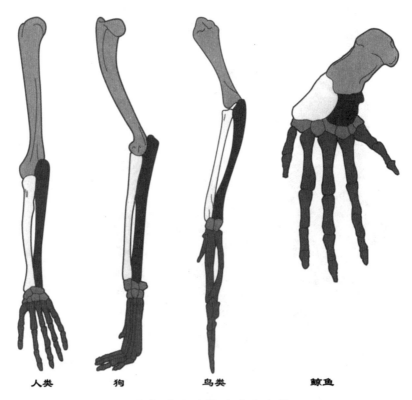

人类　　　狗　　　鸟类　　　鲸鱼

人类与其他动物的前肢比较

事实上，只有人才会使用工具。动物是没有工具的。

跳鼠或田鼠在掘地的时候，它们不是用铁锹来做这件事，而是用自己的脚爪。老鼠截断和削尖木头的时候，它不是用刀来削，而是用牙齿。还有啄木鸟，它在凿穿树皮的时候，不是用凿子去凿，而是用喙。

我们的祖先没有像凿子似的喙，也没有像锹似的脚爪，没有像刀一样锐利的门牙。

但是它有一样比任何门牙和犬齿都好用的东西，那就是它的手。

我们的主人公到地面上来了

这些事情正在进行的时候，地球上的气候渐渐改变了。北方的冰从原来的地方移动起来，向南方爬过去。山把自己的白雪帽子更低地扣在前额上。我们的森林里的祖先居住的那些地方，夜里越来越凉了，冬天越来越冷了。当时的气候还算是温暖的，但是已经不能说是热的了。

山的北坡上的常绿的棕树、木兰和月桂把地盘让给了槲树和菩提树。

直到如今，在河边的地层里还常常能找到古代槲树叶和菩提树叶的印痕，那是从前被雨水冲到河里去的。

无花果树和葡萄藤为了躲避寒风，搬到洼地和山的南坡去了。热带森林的界线越来越向南方退却。这些森林里的居民也跟森林一同退却：古象走了，剑齿虎也越来越不容易见到了。

那从前是丛林的地方，树木渐渐向后退让，形成一些明亮的旷地，那里有巨大的鹿和犀牛在吃草。有些猿猴搬走了，有些死去了。

森林里，葡萄越来越少，无花果树也越来越难找了。在森林里旅行也困难起来。森林已经变得稀疏：从这一丛树走到那一丛树，必须在旷地上跑过。对于森林居民，在旷地上移动却不是一件容易的事情。真要小心，不要被什么更敏捷的猛兽捉去充饥才行。

饥饿把我们的祖先从树上赶了下来。

它不得不越来越经常地下到地面上来徘徊，去寻找食物。

一种生物从它已经习惯了的笼子里走出来，从它所适应的森林世界里走出来，这对于它算是什么呢？

这就是破坏森林的规则，挣断把一种野兽锁在指定地点的锁链。

当然，鸟兽都在变化着，世界上没有什么东西是不变化的。但是，鸟兽的变化并不是一件简单容易的事情。过了几百万年，有爪子的森林小兽才变成了马。每一个孩子跟自己的父母很少有差别。需要经过几千代，森林动物才能够变成没有森林的空旷地带的居民。

那我们的祖先怎么样呢？

如果我们的祖先来不及改变自己的习惯，那么它就不得不跟猿猴一同搬到南方

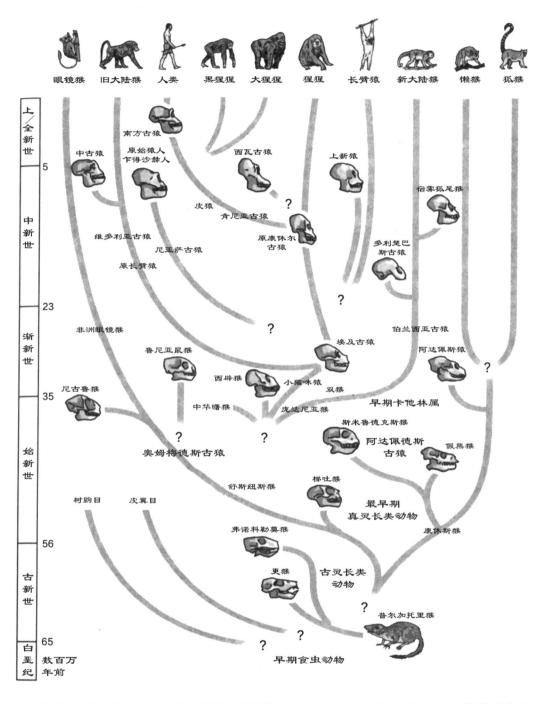

去。但是这个时候它已经和猿猴有不同的地方，它已经会用石头和木头做的利齿和尖爪来取得食物了。在肚子饿的时候，即使没有那些在森林里一天比一天少的、多汁的南方水果，它也能活下去了。森林变得稀疏并不使它恐慌。它已经学会了在地面上走路，它已经不怕没有森林的空旷地带了，如果迎面碰到敌人，成群的我们的

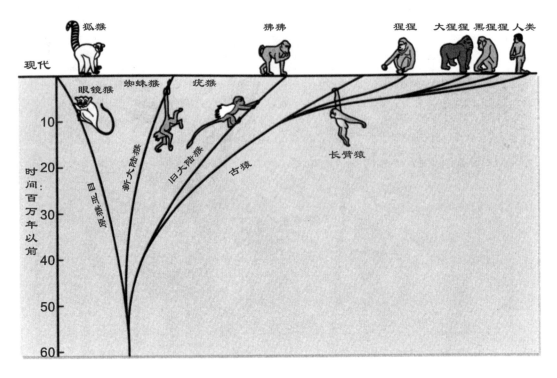

狐猴　　　　　　　　　　　　　　狒狒　　　　　　猩猩　大猩猩　黑猩猩　人类

现代

眼镜猴　　蜘蛛猴　　疣猴

10

时间：百万年以前

20

30

40

50

60

原猴亚目

新大陆猴

旧大陆猴

古猿

长臂猿

祖先就用石头和木棍来自卫。

　　那气候凛冽的年代并没有毁掉我们的类似猿猴的祖先，也没有逼迫它跟随着南方森林一同退却，而只是加快了它变成人的步伐。

　　可是我们的亲戚——猿猴又怎样了呢?

　　它们随同南方森林退却了，依旧做它们的森林居民。可是如果它们不退却也不行。它们的发展落在我们祖先的后面，还没有学会使用工具。它们之中那些最灵活的，继续住在森林的最高层，学会了更敏捷地攀登树木和抓住树枝。

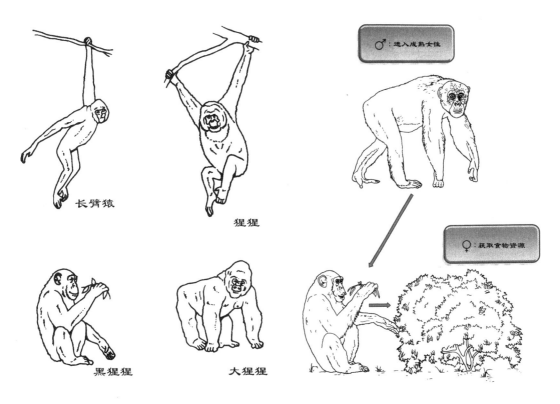

长臂猿

猩猩

黑猩猩

大猩猩

♂：进入成熟女性

♀：获取食物资源

　　那些没有它们灵活、不能够这样适应树上生活的猿猴，就是另外一种命运了。它们之中只有最大、最有力的活了下来。但是动物的身材越大越重，也就越难住在树上。不管愿意不愿意，这些巨大的猿猴只好从树上下来，来到地面上。比如说，大猿现在就住在森林的下面一层。它们在地面上不是用石头和木棍抵御敌人，而是用装备在它们强大腭骨上的大牙齿。

　　人和他的亲戚就像这样分道扬镳了。

失去的环节

　　人不是一下子就学会用两只脚走路的。起初，他大概是迈着很笨拙的、很不稳定的步子。

　　那个时候的人，或者不如说猿人，是什么样子的呢？

　　猿人活的时候的样子，无论什么地方都没有保存下来。可是有没有什么地方的地底下保存着他的骨头呢？

　　如果找到这些骨头，就可以证明，人是猿变来的了。猿人——古代的人，这是从古猿到现代人的链子的中间环节。而这个环节却无影无踪地遗失在厚厚的泥沙里，遗失在河边的地层里了。

　　往地底下挖掘，考古学家是会的。但是在开始挖掘之前，必须决定在什么地方

海克尔

挖掘，到什么地方去找失去的环节。地球可不是容易找个遍的。在地底下寻找古代人的骨头，恐怕比在沙堆里找一根失落的缝针还要困难。

在上一世纪末叶，著名的科学家海克尔[1]提出了一个假设：在亚洲南部会不会找到猿人的骨头呢？他甚至于更精确地在图上指出一块地方，他认为在巽他群岛[2]可能保留着猿人的骨头。

许多人认为海克尔的设想是没有根据的。可是这个见解也并不落空：竟有一个人相信这个见解，以至于把自己所有的事情都扔开了，到巽他群岛去寻找那假定的猿人的假定的骨头去了。

这个人是在阿姆斯特丹大学教解剖学的尤琴·杜布瓦博士[3]。

他的许多同事——大学里的教授们都摇着头说，一个正常的人绝不会这样做

[1] 海克尔（1834—1919），德国生物学家，他捍卫和传播达尔文的生物进化论。

[2] 巽他群岛是东南亚马来群岛的主要部分，位于太平洋和印度洋之间，大部分属于印度尼西亚。

[3] 尤琴·杜布瓦（1858—1940），荷兰人类学家，1887年到印度尼西亚当军医，1891—1892年在爪哇特里尼尔地方发现爪哇直立猿人头盖骨等化石。

的。他们自己都是上流人，他们所习惯的那种旅行，只是每天手里撑着阳伞，在安静的阿姆斯特丹大街上，从家里走到大学，再从大学走回家去。

杜布瓦为了实现他的勇敢的企图，离开了大学，投笔从戎去当军医，到那遥远的地方——苏门答腊岛去了。

杜布瓦到了苏门答腊，就马上一股劲儿着手搜寻。挖掘工人依照他的指示，挖了小山堆那么多的泥土。过了一个月、两个月、三个月，但还是找不着猿人的骨头。

一个人在寻找他丢失的东西的时候，至少他知道，他丢失的东西应该在什么范围里，如果一股劲儿地找，一定会找到的。杜布瓦的情形可糟得多：他只不过是设想，并不能确实地断言，猿人的骨头是一定存在的。但他还是不屈不挠地继续他的搜寻工作。过了一年、两年、三年，而那"失去的环节"始终没有找到。

换了一个人处在杜布瓦的地位，早就会放弃这种没有结果的搜寻工作了。就是杜布瓦，有时候也不免要怀疑自己。他在苏门答腊潮湿的沿海地带和热带森林里漫步的时候，不止一次忧郁地怀念起在阿姆斯特丹的静静的运河沿岸的古老房子，长着郁金香的舒适的小花园和实验所的白色大厅。

考古挖掘现场

但是杜布瓦不是一个会放弃自己的计划的人。

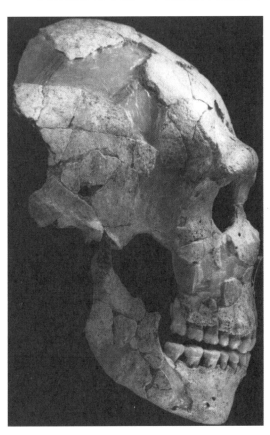

在苏门答腊没有找到猿人，他决定到巽他群岛的另外一个岛——爪哇去碰碰运气。

而在这里，他终于碰到了好运气。

在离开特里尼尔村不远的地方，他找到了猿人的一个头盖骨、一块下颌骨碎片、几颗牙齿和一根大腿骨，后来又找到了一些大腿骨的碎块。

杜布瓦凝视着自己祖先的脸，竭力设法用想象来描绘出那些消失了的线条，他看见在他的面前是一个低低的向后削的前额和深藏在凸出的眉骨下面的眼睛。这脸像人，更像猿。但是当杜布瓦研究了头盖骨之后，他相信，猿人要比猿聪明得多：他的脑子比最像人的猿的脑子

容量还大得多。

　　一个头盖骨、几颗牙齿和几根碎骨头，这当然不算多。但是无论如何，杜布瓦在研究它的时候，也发现了许多事情。他仔细地瞧着大腿骨和隐约可见的骨头上肌肉的痕迹，得出了一个结论，就是猿人已经勉强能够用两条腿走路了。

　　于是杜布瓦就不难想象出自己祖先的样子来了。瞧，他弯着腰，屈着腿，垂着两只长手，在森林里的空旷地上徘徊。他那藏在低垂的眉毛下面的眼睛在向下边瞧着：看能不能找到什么可以果腹的东西。

　　这已经不是猿了，但也还不是一个真正的人。杜布瓦决定给自己所找到的人起一个名字："直立猿人"。跟猿比较起来，他当然要算是挺直了腰走路的了。

　　好像目的已经达到了：猿人已经找到了。但是杜布瓦最艰难的岁月却从此开始了。挖掘土地的厚层倒比打破人的迷信和偏见的厚层容易得多。

　　杜布瓦的新发现受到了那些坚决不肯承认人是从猿起源的人的激烈反对。穿着教士长袍的考古学家和穿着大礼服的考古学家着手证明，杜布瓦所找到的头盖骨是属于长臂猿的，而大腿骨是属于现代人的。反对杜布瓦的人就这样把猿人变作猿加人的算术的和了，但是他们还不甘心。他们怀疑杜布瓦所找到的东西未必一定是古代的，他们开始设法证明，杜布瓦所找到的骨头并不是在地底下埋藏了几十万年的，而只不过埋藏了几年。

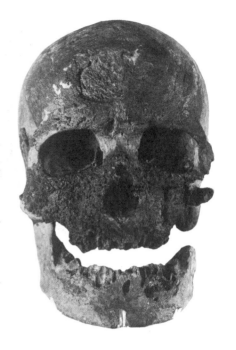

总而言之，为了把猿人重新落葬，把他埋回到土里去，并且把他忘掉，一切能做的事都做到了。

杜布瓦坚强地辩护着。那些明白他的发现对于科学的重要性的人都拥护他。

杜布瓦回答反对他的人，阐述说，猿人的头盖骨不可能是属于长臂猿的：长臂猿没有额窦，而猿人是有额窦的。

一年又一年地过去了，许多科学家依然怀疑着猿人是不是存在。

忽然他们找到了一个新的猿人，和杜布瓦的猿人很相像。

四十年前[1]，有一位科学家在北京的街道上溜达，他走进一家药铺去看一看中国

---

[1] 本书初版于二十世纪四十年代，四十年前指本世纪初年。下文说过了二十多年，又找到了两颗牙齿，是指 1921—1923 年。

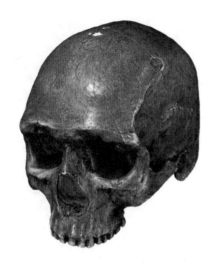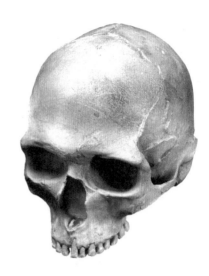

的药材。

药铺的柜子里陈列着一些稀奇古怪的东西：人形的药草人参，动物的牙齿，各种各样的符咒。

这位科学家在一堆骨头里找到了一颗牙齿，它既不能叫作野兽的牙齿，同时和现代人的牙齿又有很显著的区别。

科学家买了这颗牙齿，把它送到欧洲的一家博物馆。在那里，这件东西用了一个慎重的名字"中国牙齿"，列入陈列品的目录。

过了二十多年，完全出乎人的意料，在北京附近的周口店洞穴里又找到了两颗这样的牙齿，后来更找到了这些牙齿的所有者，科学家管他叫"中国猿人"。

其实找到的不是他的整体，只是一些零零碎碎的、各种不同的骨头。一共有五十多颗牙齿、三个头盖骨、十一块颌骨、一根大腿骨、一根脊椎骨、一根锁骨、一根腕骨和一块脚骨。

在这个洞穴里居住过的不是一个中国猿人，而是一大群。在这几十万年之间，许多骨头都遗失了，也许被野兽拖走了。但是只看这些剩下的骨头，也已经可以想象出那洞穴里的居民的样子来了。

我们的主人公在他活着的那个遥远的时代，究竟是什么样子的呢？

应该说，那个时候，他真是难看极了。

你如果遇见他，一定会吓得倒退几步，这个脸部向前突出、两只长手毛茸茸的人，简直还像只猿。但是如果你把他认作猿，过了一分钟，你马上又会觉得自己的

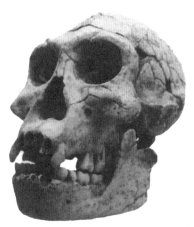 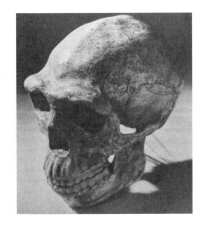

中国猿人

想法错了，难道猿能像人一样直立着迈步，难道猿的脸会那样像人的脸吗？

如果你偷偷地跟在中国猿人后面，跟到他的洞穴里去看看，那么你的怀疑就会彻底消除了。

瞧，他笨拙地用他的弯腿摇摇摆摆地在河岸上徘徊。突然他坐在沙地上。他的注意力被一块大石头吸引住了。他捡起那块石头来，仔细地瞧了一会儿，用它来敲打另外一块石头。后来他就站起身来，带着这块石头向前走去了。

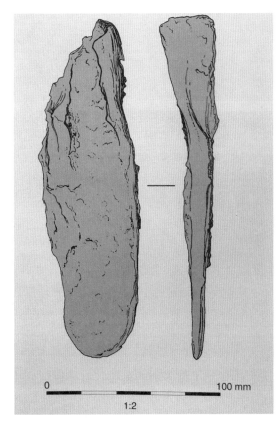

你跟在他后面，爬上很高的河岸。那里，在洞口外面，他的全体居民都聚集在一起。他们围作一堆。一个长胡子的老头子用一个石器在分割一只死羚羊。女人们在他的旁边用手撕着鲜肉。孩子们伸着手要肉吃。洞穴深处燃烧着的火堆照耀着这整个场面。

这时候，你的怀疑都会消失了：难道猿会烧火堆，会制造石器吗？

可是读者有权问：怎么知道中国猿人会制造石器和使用火呢？

　　周口店的洞穴自己回答了我们这个问题。发掘洞穴的时候,在洞里不仅找到了骨头,还找到了许多别的东西:有一厚层灰烬和泥土混在一起,还有一堆粗糙的石器。

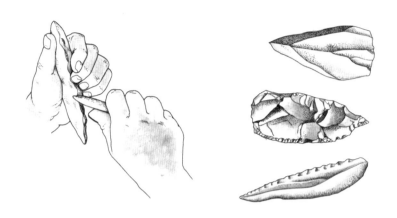

一共找到了两千多件石器，灰烬层达七米厚。

显然，中国猿人在洞穴里住了很久，他们把火保存了许多年。

可能那个时候他们还不会取火，而是跟搜寻植物根做食物、搜寻石头做工具一样地在搜寻火。

火可以在森林的火场上找到。猿人一定是拾起一段烧着的木头，小心地把它拿回家去。在那里，在洞穴里，可以掩蔽风和雨，他把火像顶贵重的宝物一样保存起来。

挖掘区域

第三章

人破坏规矩

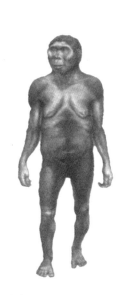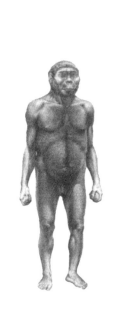

　　我们的主人公把石头和木棍拿在手里了。这立刻使他变得更加有力、更加自由了。现在，他已经不大在乎附近有没有合适的水果树和坚果树。他已经能够离开自己的家乡，到远一点儿的地方去寻找食物，从一个森林小世界走到另外一个小世界，在空旷的地方停留很久去取得食物，这些他本来是连试都不许试的。

　　像这样，从人的充满了冒险的生活一开始，他就做了破坏大自然规矩的人。

　　真的，一个树上的居民竟从树上爬了下来，在地面上乱走。而且还用后肢站立起来，并且开始不按照命运给它注定的那样走路。这还不够，他居然还吃他不应该吃的东西，也不按照习惯取得食物。

　　在大自然里，所有的植物和动物都是被"食物链"互相联系在一起的。在森林

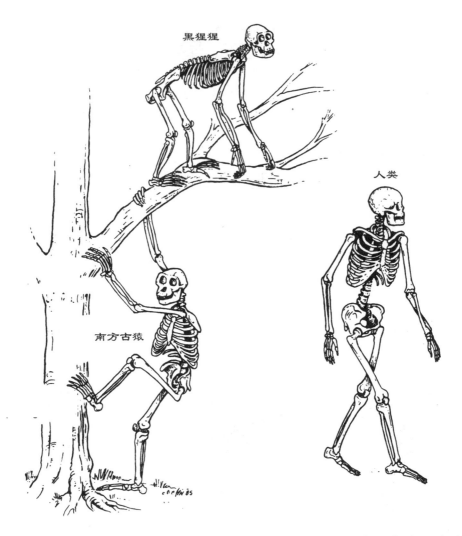

里，松鼠吃云杉果仁，貂鼠吃松鼠，构成了一条锁链：云杉果仁—松鼠—貂鼠。但是松鼠不光吃云杉果仁，它还吃别的东西，像蕈和坚果。而吃松鼠的动物也不光是貂鼠，还有猛禽，像鹰鸳等。于是构成了第二条锁链：蕈和坚果—松鼠—鹰鸳。森林里所有的居民都像这样用锁链联系着。

我们的主人公也是被许多食物链跟他周围的那个世界联系在一起的，比如说，他吃水果，剑齿虎吃他。

但是突然，我们的主人公开始扯断这些锁链了。他开始吃他从前没有吃过的东西，而且还拒绝再做那几十万年来曾经用他的祖先们果腹的剑齿虎的食物。

他怎么变得这样勇敢呢？他怎么能够决定，从树上爬到有许多猛兽的利齿在等候着他的地面上来呢？这跟树下有一只凶狗在守候着的时候猫从树上爬下来一样。

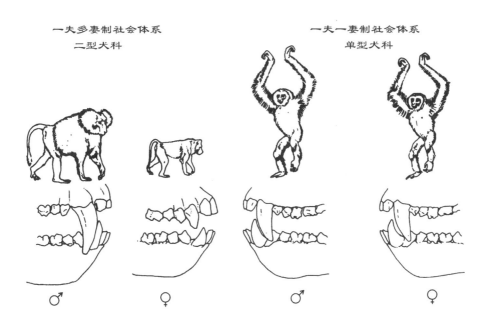

是人自己的手给了他勇气。正是那一块握在手里的石头，正是那一根可以用来寻取食物的木棍，让他来保卫自己。人的第一件工具同时也做了人的武器。

还有，人从来也不是一个人在森林里游荡。

古代的人已经不再是赤手空拳了，他们成群结队地抵抗着猛兽。

除了这个以外，不要忘了还有火，人可以用火恐吓和赶走最可怕的野兽。

手的遗迹

从树上到地上，从森林到河谷——这就是人挣断了那条早先把他锁在树上的锁链以后所走的道路。

但是我们从哪儿知道，人走向河谷去了呢？

有遗迹给我们指示出这点。

人的遗迹怎么能够保存到现在呢？

我说的不是普通的痕迹，不是那些足迹，而是手留下来的痕迹。

一百多年前，有几个掘地的工人在法国松姆河河谷工作。他们在掘取沙子、砾石和卵石。

很久很久以前，当时松姆河还很年轻，它还在地面上给自己开路，它的水流这样湍急有力，能够随身携带许多大石头。沿途，河水把石头撞击在别的石头上，把一切不平坦的地方磨平了，把岩石的碎片磨琢成圆滑的石子。后来，河水平静下来了，它又用沙和淤泥把圆滑的石子掩埋起来了。

掘地工人的铁锹正是从这些泥沙里掘起石子来。

不过真奇怪：有些小石子不但一点儿也不圆滑，而且相反地，是很不光滑的，好像两边被打击过。是什么人把它们弄成这种形状的呢？这绝不是磨琢石子的河水所能做的事情。

远古人类足迹

这些奇怪的石头被住在当地的布歇·德·佩尔特[1]看见了。布歇·德·佩尔特是个科学家。他的家里收藏着许许多多在松姆河岸的地底下挖掘出来的各种各样的东西。其中有猛犸的牙，有犀牛的角，还有洞熊的头骨。布歇·德·佩尔特很珍爱地收藏着并且研究着这些古怪动物遗留下来的骨头，这些古怪动物从前时常到松姆河畔去饮水，正跟现在的马和羊一样。

可是那个古代的人在什么地方呢？布歇·德·佩尔特怎么也找不着他的骨头。

突然他看见了那些奇怪的石头。谁能够把它们的两边搞得那么锐利呢？布歇·德·佩尔特立刻就想到：这只有人才能够做到。

---

[1] 布歇·德·佩尔特（1788—1868），法国考古学家。

这位科学家很兴奋地考察他所得到的东西。不错，这并不是古代的人的遗骨。但这是他的遗迹——他工作的遗迹。显然，这个工作不是河水干的，而是人的手干的。

关于自己的发现，布歇·德·佩尔特写了一本书，他把这本书的名字大胆叫作《创世论——论生物的发生和发展》。

这就引起了争论。人们从各方面攻击布歇·德·佩尔特，就跟后来攻击杜布瓦那样。几个最著名的考古学家着手证明，说这个爱好古物的乡下人一点儿也不懂得科学，说他的石"斧"是假造的，说他的书应该受到批判，因为书的内容毁谤了宗教关于创造人的教义。

布歇·德·佩尔特和反对他的人之间的斗争相持了整整十五年。

布歇·德·佩尔特衰老了，头发也白了，但是他仍旧不屈不挠地继续斗

考古挖掘现场

争，来证明远古的人类。在第一本书之后，他又写了第二本，第三本。

力量虽然不平衡，但是布歇·德·佩尔特还是胜利了。地质学家赖尔[1]和普列斯特维奇[2]都赶来支持他。他们到了松姆河流域，考察了采沙场，研究了布歇·德·佩尔特所收集的东西，在做了一番极仔细的审查工作之后宣布说，布歇·德·佩尔特所找到的古代人的石器是真正的古代人的石器，在那些古代人的时代，在法国还居住着象和犀牛呢。

---

[1] 赖尔（1797—1875），英国地质学家。

[2] 普列斯特维奇也是英国地质学家。

　　赖尔所著的书《人类古代的地质学证据》使得反对布歇·德·佩尔特的人哑口
无言。这时候，他们只好说：布歇·德·佩尔特其实没有发现什么新东西，古代人
的石器早就已经被发现了。

　　赖尔很聪明地回答他们说："每一次，科学上有什么重要的新发现，开始都说，
这是和宗教相抵触的，可是以后又声称，这些事情大家早已知道了。"

　　现在，像布歇·德·佩尔特所找到的那种石器已经找到许多了。最常发现它们
的地方是河岸上的采沙场，人们在那里掘取石子和沙。

　　像这样，现代工人的铁锹在地下会见了人类刚开始工作的那个时代的工具。

　　石器中最古老的是用另外一块石头把两边敲薄的石头。有时候跟这种石器一同
还发现了一些简单的石渣和碎片，这些是在石头被敲击的时候敲下来的。

　　这些石器就是走向河谷和浅滩去的人们的手的遗迹。在那里，那些江河的冲积

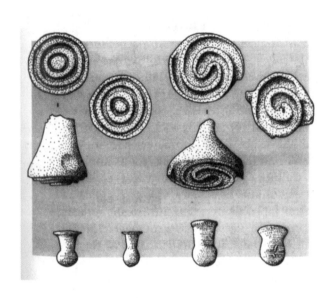

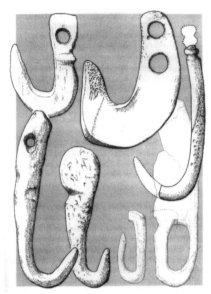

层和浅滩是砾石的矿藏。在那里，人最容易找到制造人造的尖爪和利齿的材料。

　　这已经是真正的人的工作了。野兽只能够寻找食物果腹或者寻找建筑材料做窠。但是它从来也不会寻找材料给自己制造尖爪或利齿。

活的锹和活的桶

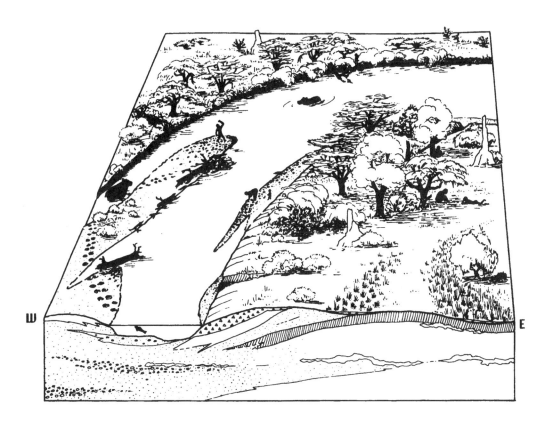

　　我们都读过并且听说过关于动物的技能，关于动物建筑师、木工、织工，甚至于缝纫工。我们知道，比如说，海狸用它坚固锐利的牙齿锯树，锯得不比伐木工人差，它还会用树干和树枝筑起真正的堤坝，这样，等河水泛滥的时候就成了防水堤了。

　　还有那最普通的森林里的红蚂蚁！只消用木棍把蚂蚁穴掘开，就可以看见这个许多层的建筑物——用针叶做成的真正的"摩天楼"盖得是多么精巧。

　　于是有人问：如果人不去毁坏蚂蚁或海狸的建筑物的话，它们会不会有一天赶上人呢？

　　我们认为这种事情是不可能发生的。在人和蚂蚁之间有一个很重大的区别。

　　这个区别是什么呢？

　　也许是人比蚂蚁大吧？

不是的。

也许是蚂蚁有六只脚，而人只有两只脚吧？

不是的。我们说的是另外一种区别。

人怎样工作？他可不是赤手空拳地工作，也不是用牙齿工作，而是用斧

子、锹和锤子工作。但是在蚁穴里却无论如何也找不到一柄斧子，也找不到一把锹。蚂蚁需要切断什么东西的时候，它使用安装在它头上的活的剪子。它需要掘一道沟的时候，它使用随身带着的四把活的锹——四只脚。它用两只前脚掘地，用两只后脚把土拨到后面去，中间的两只支撑着身体。

连蚂蚁用的器皿都是活的。有一种蚂蚁，在它们的穴里有许多地窖，藏满了活的桶。在黑黑的矮矮的一间地窖的天花板下，密密地并排挂着许多形状完全一样的活的桶，这些桶挂着不动。可是瞧，有一只蚂蚁爬进了地窖。它用小触须向桶上撞了几下——于是这只桶突然活了，活动起来了。

原来那桶有头、有胸、有脚，桶的本身是只胀大了肚皮的蚂蚁，它抓住了天花板的横梁，挂在那里。它的颚张开了，从它的嘴里流出几小滴蜜糖。那只走来进餐的蚂蚁工人把这滴蜜糖舐了之后，又工作去了。那只蚂蚁桶又重新在许多同样的桶的中间睡着了。

这就是蚂蚁的"活"的技术——它的工具和器皿不像人的那样是被制造出来

的，而是永久随身带的、天然的。

海狸的工具也是活的。它砍树不是用斧子，而是用牙齿。这就是说，蚂蚁和海狸并不制造自己的工具。它们一生下来就带着现成的一套工具。

或者我们再来谈谈云杉交嘴雀吧。

交嘴雀在吃饭的时候，不用刀，也不用叉。它的餐具就是一把钳子，它用这把钳子很灵活地弄开云杉果，从里面

取出果仁来吃。它自己的喙就做它的餐具。

用这个喙吃云杉果，就和用胡桃夹子夹胡桃或者用拔塞钻拔瓶塞一样方便。

其间的区别只不过是胡桃夹是人制造出来专为夹坚果用的，而云杉交嘴雀却是几千年来自己变得适应在云杉树间生活，适应取食云杉的果仁。

初看上去，这当然是很方便：活的工具是不会丢失的。可是如果再仔细一想，那么每个人都会明白，这种工具并不太好。它不能修理，也无法改良。

当海狸的门牙由于年老而变钝的时候，没有办法送去修理，而蚂蚁也不能为了要掘地掘得更方便、更快而到工厂里去给自己再定制一只新的、更完美的脚。

人用锹代替手

让我们假定，人也和别的动物一样，只有活的工具，而没有用木头、铁和钢制造的工具。

这样的话，如果要他有锹，那么他就得一生下来就有一双生得和锹一样的手。这种假定当然是完全无稽的。但是不妨让我们想象，这种畸形儿真的出世了，他大概是个出色的掘地工人。但是要把自己的手艺传给别人，他却办不到，就像一个视力好的人不能把自己的眼睛借给别人一样。

这个人不得不永远随身携带着他的锹形的手，这种手做别的工作当然是不中用的。而人死亡的时候，锹也同时完结了。此时不得不把它和人一同埋葬。

这个天生的掘地工人只有一个方法把自己的锹传给自己的子孙，就是把他的畸形遗传给他的哪一个孙子或者曾孙，就像头发颜色或者鼻子形状的遗传一样。

而且还不止这样。活工具只能在它对于动物有益而不是有害的条件之下，才能保持并且遗传下来。

如果人和鼹鼠一样住在地底下，他当然就需要锹形的脚掌了。

但是对于一个住在地面上的动物，这种脚掌就是多余的。

需要许多条件，才能够创造出一种新的工具——活的、天然的而不是人造的工具。可是幸亏人走了另外一条路。他没有傻等他的身上长出一把锹来代替手。他自己给自己制造了锹，而且不仅是锹，还制造了刀，制造了斧子，制造了许多别的工具。

人除了从自己的祖先那儿继承下来

的手指、脚趾和三十二颗牙齿之外，又制造了几千种各式各样的工具——长的和短的，粗的和细的，尖的和钝的，用来刺的、切的、敲的——指头、门牙、犬齿、指甲和拳头。

这使他在和别的动物比赛的时候获得了极大的速度，使别的动物根本没法追上他。

人—工匠和河流—工匠

当人刚刚要变成人的时候，起初他什么也不做，什么也不制造，而只是寻找他的石头指甲和牙齿，就像我们现在采集蕈和浆果一样。他在河流的浅滩上徘徊，花很大工夫去搜寻大自然自己磨削的尖锐的石头。

这种现成的"天生"削尖的石块，有时候可以在那狂暴的河流漩涡工作过的地方找到，那些漩涡把许多石头击碎并且磨削，把那些石块像摆弄一堆玩具一样喧闹地抛耍着。显然，漩涡工匠很少关心到它的"工作"有没有什么意义。因此，在几百块由大自然加工过的石块之中，很少有几块是人用得上的。

于是人就开始自己用石头做他所需要的东西——开始制造工具了。

这就发生了这样的事，这种事情在后来的人类历史中又不止一次地重复：人用人造的东西来代替自然的、天生的东西。人在伟大的大自然的工场的一个角落里，为了创造新的、大自然里所没有的东西，建造了自己的工场。

石器就是这样被制造出来的，后来——过了几千年之后——金属也是这样

被制造出来的：人不再使用天然金属，开始从矿石里炼出金属来。人每次从找寻现成的东西转变到用自己的双手创造出东西来，他就是向自由、向脱离大自然的严厉控制的方向迈进了新的一步。

起初，人还不会创造用来制造工具的材料。一开始的时候，他只会把在大自然里找到的现成材料改成一个新的样式。

他把一块石头拿在手里，用另外一块石头来敲击、砍平它。

这样就得到了考古学家所说的"砍砸器"：用这种工具来砍削很方便。而碎片也另有用处：可以用它切、刮或刺东西。

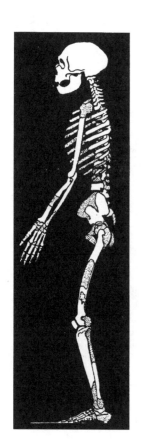
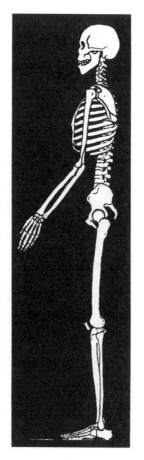

从地层深处找出来的最古老的石器还非常像那些由大自然加工出来的石头，所以往往很难判别，那究竟是谁做的工作：是人还是河流，或者只是热和冷，因为热和冷跟水联合起来也能使石头裂碎。

但是还找到过另外一些石器，关于这种石器已经不能有丝毫怀疑。在古代的河流浅滩和沿岸，那里现在已经被掩埋在厚厚的泥沙层下面，曾经发掘出古代人的整个工场：那里有现成的砍砸器，也有准备做工具用的石头碎片。

如果拿起一块这样的碎石片仔细瞧瞧，就可以很清楚地看出来，人为了要去掉某一小块而在什么地方敲击过，他为了要做出一件适用的工具曾经怎样磨平它。

　　这样的东西大自然是制造不出来的。只有人才会制造它。

　　这是容易明白的：大自然里所发生的一切事情都没有目的，也没有计划，是顺其自然的。河流的漩涡毫无意义地碰击着随便哪一块石头。人虽然也做同样的事，但是都是有意义、有目的地去做的。这样就在世界上第一次出现了目的和计划。人从修正大自然所制的石头起，开始渐渐地修正和改造大自然了。

　　这使人类比别的动物提高了一级，使他获得了更多的自由：他已经不再在乎自然有没有给他预备好适用的石块了。

　　他现在已经能够自己给自己制造工具了。

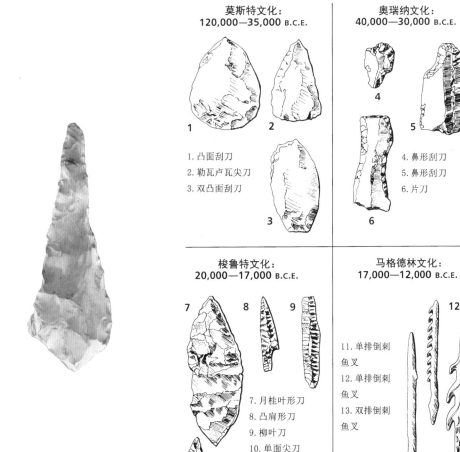

莫斯特文化：
120,000—35,000 B.C.E.

1.凸面刮刀
2.勒瓦卢瓦尖刀
3.双凸面刮刀

奥瑞纳文化：
40,000—30,000 B.C.E.

4.鼻形刮刀
5.鼻形刮刀
6.片刀

梭鲁特文化：
20,000—17,000 B.C.E.

7.月桂叶形刀
8.凸肩形刀
9.柳叶刀
10.单面尖刀

马格德林文化：
17,000—12,000 B.C.E.

11.单排倒刺鱼叉
12.单排倒刺鱼叉
13.双排倒刺鱼叉

传记的开头

距今时间(×1000)			欧洲	西亚	东亚	非洲	距今时间(×1000)
10	1	全新世	新石器时代 中石器时代	新石器时代	新石器时代	新石器时代	10
20	2		旧晚石期器时代	旧晚石期器时代	旧晚石期器时代	旧石器时代晚期	20
30			奥瑞纳文化 和现代智人	旧石器时代晚期 和现代智人	现代智人	现代智人	30
40	3	末次冰期	夏代尔贝龙文化 和尼安德特文化	智人 莫斯特文化 和???	??? ???		40
50					???	中石器时代／莫斯特文化和早期现代智人	50
60					???		60
70	4		莫斯特文化和 尼安德特文化	莫斯特文化和 尼安德特文化	???	豪伊森滋口文化，阿梯尔文化，和早期现代智人	70
80	5a				石片／斧头时代 和古代智人		80
90	5b	末次间冰期					90
100	5c		莫斯特文化和 尼安德特文化	莫斯特文化和 早期现代智人		中石器时代／莫斯特文化和早期现代智人	100
110	5d						110
120	5e						120
130							130
190	6	次末次冰期	阿舍利文化	阿舍利文化			190

人的传记一般总是从他出生的年代和地点开头的。

我们这篇小说已经讲到第三章了，但是还没有说明，我们的主人公是在什么时候、什么地方出生的。有的地方我们叫他"猿人"，另一个地方叫他"古代的人"，第三个地方更加不确定，叫他"我们的森林里的祖先"。

让我们说几句话为自己辩护一下吧。

先从主人公的名字说起。

我们虽然非常愿意说，但是却说不出主人公的名字来，因为他的名字实在太多了。

随便翻开哪本传记，你看到主人公的名字从头一页到最后一页始终是一样的。

主人公成长着，从婴儿长成了大人，长
出了胡子，但是他的名字通常是不会更
改的。如果生下来的时候把他叫作伊凡，
那么一直到他死去的那一天为止，他总
是叫伊凡。

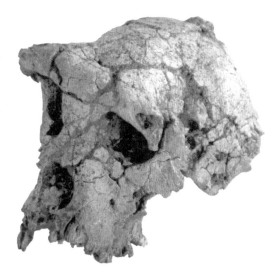

我们主人公的情形却复杂得多了。

他在每一章里都改变得很多，使我
们不由自主地不得不随时更改他的名字。

如果提起那还非常像猿的最古老的
人来，那么科学家既把他叫作"猿人"，
又把他叫作"中国猿人"，还把他叫作"海德堡人"[1]。

海德堡人只留下了一块颌骨，那是在德国海德堡附近找到的。

从这块颌骨来判断，可以说它的所有者是有权利叫作人的：他的牙齿已经不是
野兽的牙齿，而是人的牙齿了，犬齿也并不像猿那样比别的牙齿突出。

但是无论怎样，海德堡人还不是真正的人。这可以从他向后缩的、像猿一样的
下巴看得出来。

猿人，中国猿人，海德堡人！

已经有三个不同的名字代表着我们主人公的同一个年龄和同一个发展阶段。

但是我们的主人公并没有停止变化。他越变越像现代的人。就跟婴儿变成少年，
少年又变成青年一样，最古老的人之后是尼安德特人[2]，在尼安德特人之后，又有了
克罗马农人[3]。这个主人公有多少不同的名字啊！

---

[1] 从后来的古人类发掘工作知道，最古老的人不是中国猿人和海德堡人，在非洲发现的南方古猿中已经有
　　能使用和制造工具的，那应该算是最古老的人。这种南方古猿也有人主张应该叫作"猿人"，或者叫"早
　　期猿人"，而把中国猿人和海德堡人叫作"晚期猿人"。

[2] 尼安德特人因 1856 年在德国杜塞尔多夫尼安德特河流域附近的洞穴里发现的化石而得名，现在是继猿人
　　阶段之后的古人阶段所有化石人类的总称。后面第 117 页还要讲到。

[3] 克罗马农人因 1868 年首先在法国南部克罗马农山洞里发现的化石而得名，是继古人阶段之后的新人阶段
　　的化石人类。后面还会讲到。

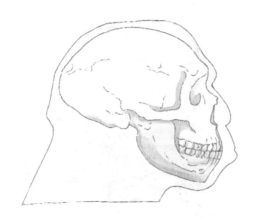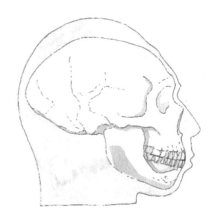

但是我们不要扯得太远了。在这一章里，我们的主人公叫"猿人——中国猿人——海德堡人"。

这是他在河岸上徘徊，在搜寻制造工具的材料。这是他在用一块石头磨削着另一块石头，在制造一件笨拙的、粗糙的砍砸器，这种石器现在可以在古代河流的地层里找到。

你看，我们要叫出主人公的名字是不太容易的。

更困难的是说出他出生的年代。

我们没有办法说明：我们的主人公是在哪一年诞生的。人不是在一年里变成人的。对于人有多大年纪这个问题，只能回答一个大概的数字：一百万年左右[1]。

最难的是决定我们的主人公的出生地点。

为了解决这个问题，我们试图阐明主人公的老祖母曾经在什么地方居住过，就是那个化石古猿祖母，人、黑猿、大猿都是从它起源的。科学家把这种猿叫作"森林古猿"。我们开始探寻

---

[1] 据近年来的古人类学研究结果，认为人类诞生的时间应该在二百万年到三百万年前。

森林古猿的住址的时候，发现森林古猿有许多种。有的遗迹把我们引到了中欧，有的遗迹把我们引到了东非，有的遗迹把我们引到了南亚。

最近几年里，在南非找到了许多有趣的东西。在那里找到了一种古猿的骨骼，那些古猿已经会用后脚走路，并且已经不住在森林里，而是住在空旷的地方。这些已经绝灭的人类的亲戚叫作"南方古猿"。

应该附带说一下，猿人和中国猿人的骨骼是在亚洲发现的，而海德堡人的颌骨是在欧洲发现的。

看了这些材料，你说说看，人的故乡到底是哪里！别说是哪一国，就连哪一洲都很难断定。

我们开始考虑：看一看人最早的石器是在哪儿发现的好不好呢？人只是在开始制造工具的时候才算变成人。也许石器能帮助我们决定人最初出现在什么地方。

我们拿起一张世界地图，在地图上把人们找到过最古老的工具——砍砸器——的所有地方都做了标记。地图上有了许多点。这些点最多的是在欧洲，但是在非洲和亚洲也散散落落地有一些。

从这点只可以得到一个结论：人最早出现在旧大陆，而且不只出现在一个地方，而是出现在许多不同的地方。

实际情况大概也就是这样。因为我们不可能设想，人类仅仅从一对古猿——

"古猿亚当"和"古猿夏娃"[1]传下来的。古猿变成人不会只发生在一个猿群里，发生在一个地方，而是发生在许多地方——在所有居住着那种古猿的地方，那种古猿已经准备好让自己向着变成人的方向发展。

人取得时间

大家都知道，怎样取得铁，怎样取得煤，怎样取得火。

可是，怎样取得时间呢？关于这一点，很少有人知道。

其实人在很久很久以前就学会取得时间了。当人开始制造工具的时候，在他的生涯里出现了一种新的事业，真正的人的事业——劳动。但是劳动是需要时间的。要制造一件石器，必须先找到一块适当的石头。并不是随便哪一块石头都适用的。

最适宜于制造工具的是坚硬结实的燧石。可是这种燧石并不是到处都可以从脚下捡起来的，必须特地去寻找。人花费了不少时间在寻找上，但是这种寻找有时候竟然一无所获。那时候，人就不得不利用不太结实的燧石来做工作材料了，或者甚至于得到一块软的材料，就像沙岩或者石灰石，也就满足了。

---

[1] 亚当和夏娃是基督教的《旧约·创世记》里所说的上帝最早造的一男一女的名字。

现在让我们假定他找到了一块适当的石头。为了把这块石头做成他所需要的形状，必须用另外一块石头去磨削它。在这上面又需要时间。那时候人的手指头还不像现在这样灵巧和敏捷——它们刚刚学会工作。可能那时候在制成一件粗糙的石头砍砸器上所用掉的时间，比现在用钢制造一柄斧子所用的时间还要多。

可是从哪里取得时间呢？

原始人很少有空闲工夫——或许比现代最忙的人还要少。他从早到晚地在森林里和林间空旷地上徘徊，为了采集食物，把一切可以用来果腹的东西送进自己和自己孩子们的嘴里。采集食物和吃食把睡眠以外的时间全部花费了。那时候的所谓食物，需要的量是很大的。

如果菜单子上只有浆果、坚果、蜗牛、老鼠、嫩树芽、可以吃的植物根、昆虫的幼虫以及其他零零碎碎的东西的话，要吃饱可不容易啊！

当时人群在森林里找食物，就像现在的一群鹿一样，一天到晚只知道找到苔藓就吃。

可是如果一天到晚采集食物和咀嚼食物，那么哪里还有时间工作呢？

但原来工作有一种奇怪的性质——它不仅耗费时间，它同时也给予时间。

事实上，如果你在四个小时里做完了别人需要八个小时才做得完的事情，那么你就是取得了四个小时的时间。如果你发明了一件可以把劳动加快一倍的工具，那么你就取得了从前这项劳动所需要的时间的一半。

这个取得时间的方法，古代的人就已经发现了。

要磨削好一块石头，必须花费好几个小时。但是以后这块尖锐的石头就比较容易从树皮底下挑出幼虫来了。

用石片削尖一根木棍，也需要费不少工夫，但是以后用这根木棍就比较容易从地里掘出可以吃的植物的根来，或者打死一只在草里飞跑的小兽了。

这样一来，采集食物的工作就可以进行得快得多，这就是说，人有了更多的时间来工作了。人在采集食物以外的空闲时间里制造自己的工具，把它们越做越好，越做越尖锐了。而每一种新的工具又给予了更多的食物，也就是说给予了更多的时间。

打猎尤其能够给人特别多的时间。吃半小时肉就能够饱一天。但是起初人很不

容易吃到肉。用木棍或石头不可能打死大的野兽，靠林鼠之类的小动物是吃不饱的。

那时候的人还不是真正的猎人。

那时候的人是什么人呢？

那时候他是一个采集者。

作为采集者的人

在我们的时代做一个采集者是很容易的。我们每个人有时到树林里去消磨一整天，采集蕈和浆果。在青苔上发现一个褐色的蘑菇的小伞，或者突然在草里发现一个牛肝蕈的天鹅绒般的、红得像朝霞一样的小帽子——那是一件多么快乐的事情啊！把自己的五个指头都伸进青苔里去，小心地从那里把粗壮结实的蕈柄，从下面黑色的须根上摘下来，那是多么令人愉快啊！

但是请你想象一下，假定采集蕈或

浆果是你的主要职业，你会每天都吃得饱吗？有时候，你可能采一整篮，还满满地装了一帽子的蕈回家，但是有时候，你在树林里走上一整天，却只能在篮子底部放一些湿蕈带回去。

我们那里有一个十岁的小女孩儿，她在到树林里去之前总是夸口："我去了，要找一百个蘑菇回来！"

但是回家来的时候却两手空空。如果她家里没有别的食物，那她只有躺下来，等着饿死这一条路了。

古时候作为采集者的人的处境是很困难的。他在搜寻食物上面用去的力气越多，他需要吃的东西也越多。他之所以没有饿死，就因为他对于任何食物都不挑剔。

虽然他已经比他那住在树上的祖先变得更有力和更自由了，但是他仍然是个够可怜的、处于半饥饿状态的生物。

这时候却又有可怕的灾难向地面上袭来。

第四章

灾难来了

不知道由于什么原因，这个原因一直到现在都没有弄清楚，北方的冰从自己老家移动起来，向南方爬过去。强大的冰川流过丘陵和山谷，一路在山坡上划出了沟痕，把丘陵的峰尖削平，把岩石裂碎和磨光，随身带走了大批的碎石头当作猎获物。在前面，那融化了的冰水成了河流的源头，那些河流奔流向前，在地面上给自己挖掘河床。

冰川像侵略者的进攻纵队一样，从北方向前奔袭。北方冰川的同盟者——山岳冰川也从山间盆地和峡谷里爬出来，跟北方冰川会师。这个行动是非常慢的，一直持续了几千年。

就是现在也还可以从散布在各国的平原上的砾石考察出冰川的道路来。有时候在丛林里，突然在松树之间看到一块长满了青苔的大石头。它怎会跑到这里来的？是冰川把它送来的。

从前，北方的冰川不止一次向南方爬动。但是它从来也没有推进到那么远过。在我国，冰川向南方推进到了现在是斯大林格勒[1]和第聂伯罗彼得罗夫斯克的那些地方。在西欧，冰川流到了德国中部的山脉，差不多遮盖了整个的不列颠岛。在美洲，它们一直流到比五大湖还往南的地方。

冰川的移动并不快，那些居住着人的地方也并没有立刻就感觉到它们的气息。

第一个感觉到冰川气息的不是陆上的动物，而是海里的动物。

海岸上还是跟从前一样暖和。在森林里还可以看见月桂树和玉兰树。巨大的南

---

[1] 斯大林格勒现改名为伏尔加格勒。

方象和犀牛还是在平原上徘徊，践踏着高高的草。但是海里已经越来越冷了。海流——就是在海里流动着的河流——从北方携带来冰川的寒冷，有时候还带来一些碎冰块。

沿海岸的地层直到现在还证据确凿地向我们说明暖海变成寒海的那件事。当陆地上还居住着喜欢温暖的植物和动物的时候，海里的居民已经在变更了。研究在那个时期堆积起来的地层，我们在那里面找到了许多只能在冷水里生存的软体动物的贝壳。

森林的战争

现在陆地上也开始感觉到冰川在逼近。

北极从自己原来的地方移动，向南方爬去——这岂是闹着玩的！因为这个，冻土地带和北方的针叶树林也一同从原来的地方移动，向南方爬去了。

冻土地带向大密林作战，大密林节节败退，开始压迫阔叶树林。

森林的大战开始了。

在我们的时代，森林也在作战。比如说，云杉和白杨就总是敌对的。云杉喜欢阴影，白杨喜欢光。

在云杉林里，白杨像小嫩芽似的被荫蔽在云杉脚下：多荫的云杉不肯让它长。

要是人把云杉林砍伐了，白杨在明朗的阳光下立刻活跃起来，开始长高，它不是一天一天地长，而是一小时一小时地长。

周围的一切都很快地变化了。那生在云杉脚下的喜欢树荫的青苔死去了。人们在伐木的时候舍不得砍去小云杉，因为太小，被明亮的日光晒得枯萎了。当它们的妈妈——大云杉活着的时候，小云杉在妈妈宽大的绿裙底下生活得好极了。现在小云杉失去了遮挡太阳的东西，变得憔悴干枯了。

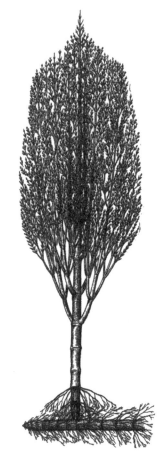

但是白杨却在为自己的胜利而庆幸着。从前它只能捕捉它的竞争对手——云杉——偶然漏到地上的点滴阳光。而如今云杉被砍去了，白杨变成了主人。

于是在那原来是阴暗的云杉林的地方，现在生出了一片光明透亮的白杨林。

不过时间在前进。时间是伟大的工人，它在不知不觉之间一点一点地改建着森林房子。白杨越长越高，它们的树冠越长越密了。那在它们的脚下从前是透亮稀疏的树荫，现在越变越阴暗。白杨做了胜利者，但是对于它，胜利就是死亡。

人绝不会被自己的影子毁灭掉，但是树木的生涯中却时常发生这种事情。在白杨的树荫下，它的仇敌——云杉——活跃起来了，它像白杨喜爱阳光一样地喜爱阴影。不久，地面上生满了一片绿色的刷子一样的小云杉。再过几十年，云杉的树梢又要高过白杨的树梢了。森林变成混杂的了。暗绿色的尖顶的云杉树梢穿过了白杨的翠绿色的枝叶。云杉越长越高了，到后来，它们茂密的暗绿色针叶遮去了白杨的阔叶上的阳光。

这时候，白杨的末日到了。它在云杉的阴影里开始干枯。云杉当权了。云杉林又重新占据了自己的老地方。

当人的斧子去干涉森林的生活的时候，森林就是像这样在作战。

而从前，当冰川时代的寒冷干涉到了森林的生活的时候，森林的战争还要激烈得多。

寒冷毁灭了喜爱温暖的树木，给北方的森林开辟道路。松树、云杉和桦树向槲树和菩提树发起战争：槲树和菩提树一路败退着，把最后残余下来的常绿的月桂树、玉兰树和无花果树都从森林里排挤出去了。

那些喜爱温暖的、柔弱的树木很不容易在没有遮拦的受寒风和冷气侵袭的地方生存，于是它们就逐渐死亡，把地盘让给侵略者。在山地里，它们比较容易生存下来。

在每一片可以遮蔽寒风的盆地里都躲满了喜爱温暖的树木，像躲在被包围的堡垒里一样。但是，另外一些冰川从山上爬下来了，走在冰川前面做先锋队的是山上的冻土、山上的云杉和桦树。

这森林的战争持续了几千年。溃败军队

的残余队伍——喜爱温暖的树木——向南方越退越远。

可是在那毁灭了的森林里的野兽居民变得怎么样了呢？

在我们的时代，当森林由于砍伐或者火灾而毁灭的时候，里面的一部分居民和它一同灭亡，另外一部分居民还来得及逃走。云杉林里的居民——云杉交嘴雀、戴菊莺等等跟被砍伐掉的云杉林一块儿绝迹了。

在那从前是它们的多荫的云杉房子的地基上，长出了一片新的树林房子——白杨房子。新搬进去的别的鸟兽在里面庆贺着新居。

等到过了许多年，云杉又战胜白杨的时候，那在白杨林的位置上长出来的云杉林仍旧不会是空的：戴菊莺、交嘴雀和它们的许多伙伴又重新搬进来住。

森林毁灭了又复兴，那些植物和动物并不是随意编配在一起的，它们是一个整个的、不可分离的世界。

冰川时代也是这样。随着喜爱温暖的森林的消失，它里面的居民也一同绝迹了。再也看不见古代的巨象了，犀牛和河马都到南方去了，人类的老仇敌——剑齿虎——也灭绝了。

和这些巨兽一起，还有许许多多鸟兽或者死了，或者逃到南方去了。

树、灌木和草死亡之后，那些靠植物果腹和庇护的动物都没有食物吃，也没有地方躲避了。这些动物的死又连带了别的一些动物——猛禽和猛兽——死亡。在食草动物变少以后，那些专门猎取食草动物果腹的猛禽和猛兽自然也渐渐地饿死了。

被"食物链"互相锁在一起的动物和植物，当它们的森林毁灭的时候，它们全体都一同灭亡。

　　野兽如果想设法保全性命，一定要挣断锁链：开始吃别的食物，改造自己的脚爪和牙齿，长出一身长毛来抵御寒冷。总而言之，野兽也得改变才行。

　　南方的野兽在北方的森林里也很难保全性命。

　　而且随着北方森林一起来到的，还有它的多毛的主人们：披毛犀、猛犸、洞狮和洞熊。这些野兽在北方森林里，感觉像是在自己的家里。

　　光是它们的毛皮，用处就够大的了：又暖和，又厚！猛犸和披毛犀一点儿也不怕冷，完全不像裸体的南方象、南方犀牛和南方河马。

　　有些北方野兽用别的方法御寒——躲在洞穴里。

而且北方野兽在森林里也不难找到食物，因为这是它们的森林，它们的世界。

因此毁灭了的森林里的居民还必须和这些新的主人坚持斗争。

难怪它们之中只有少数几种得以保全了生命。

那么人呢？人又怎样了呢？

那些居住在温暖地带的人容易保全生命，虽然那里的气候也变得寒冷了一些。

那些居住在受到冰川侵犯直接威胁的地方的人却倒霉得多。

他们初次遇到冰雪和可怕的冬天的时候，身子发着抖，牙齿咯咯作响，为了取暖和使孩子们温暖，他们挤成一堆。

饥饿、寒冷和野兽用死亡威胁着人们。

如果那时候人们能够意识到周围在发生着什么事情的话，他们大概会觉得，世界的末日来临了。

世界的末日

人们已经不止一次地预言过世界的末日。

中世纪，当地球上空出现了带尾巴的彗星的时候，人们画着十字说：

世界末日来临了！

当鼠疫——"黑死病"——把村庄扫空而把墓地挤满的时候，人们说：

世界末日来临了！

在饥馑和战争的恐怖时期，迷信的人们惊惶地喃喃地说：

世界末日来临了！

但是世界末日始终没有来临。

我们现在知道彗星的出现根本不是为了向人们预言未来。彗星绕着太阳走它自己的路，它也不高兴管地球上的迷信的居民对它会有什么样的想法。

我们也知道，饥馑也好，传染病也好，都不是世界的末日。主要的，是要知道灾难的原因。如果知道了灾难的原因，跟它斗争就比较容易了。

但是不只是愚昧无知的人预言世界的末日，有些科学家也预言世界的末日和人类的末日。比如说，他们之中有几个人武断地说，人类将由于燃料缺乏而灭亡。他们还举出数字来证明。地球上煤的储量一天比一天减少，森林也很快地稀疏起来，石油恐怕连一百年都不够用。地球上的燃料用完的时候，工厂里的机器就要停了，火车也不再走动了，屋里和街上的灯也都要熄灭了。大部分的人将冻死、饿死，其余的人将变得野蛮起来，重新变成原始的野蛮人。

是的，地球上的燃料确实不太多。到某一个时候，燃料是会被用光的。

但这是不是世界的末日呢？

不，不是的。

燃料并不是地球上的热和能量的唯一来源。能量的主要来源是太阳。所以可以不必怀疑，到燃料储藏用光的时候，人们一定会想法叫太阳来驱动火车，叫太阳来照亮屋子和街道，叫太阳来转动机器的轴，甚至叫太阳来做饭。现在就已经有了第一个实验太阳能发电站和第一个太阳能厨房了。

"可是，请原谅，"那些急于想把世界埋葬的人说，"太阳也有一天会变冷的。它现在已经不像某几个年轻的恒星那样热和亮了。再过几百万年之后，太阳的温度会降低的，因此地球上也会变得比现在寒冷。强大的冰川会把人们在地面上的不坚固的建筑物一扫而光。白熊将在现在长着棕榈的地方徘徊。那个时候，人类才没有办法了哩！"

当然，如果地球上重新又来一次冰川时代的话，那真是糟糕得很。但是连原始人在冰天雪地里都设法保全了性命！难道说用科学武装起来的、比现代人更加强有力的未来的人类，还会在冰天雪地里灭亡吗？

甚至于可以预言，他们将做些什么事情来战胜寒冷。他们将把随便哪一种物质里都含有的原子能召唤来帮助太阳光。

原子里的能量是用不完的，只要会把它取出来，用在人类的福利上，用在和平上，而不是用在战争上……

但是现在让我们再把话题回到我们的主人公——原始人那里去吧。

世界的开始

假使人没有挣断那条把他锁在老家森林里的锁链，森林世界的毁灭就同时也是他的毁灭。但是世界并没有完结，世界只不过在变化着。旧的世界完结了，新的世界开始了。

为了在这个新的、改变了的世界里保全自己，人自己也必须改变。从前的食物没有了，要学会取得新的食物。硬的云杉和松树的球果不像南方多汁的水果一样，它们不适宜于人类的牙齿。

寒冷的季节代替了温暖的季节。太阳像遗弃了地球，人要学会不依靠它的热和光生活。

要在最短的时间里变成另外一种人！

在一切生物之中，这只有人才做得到。

那个时候人已经学会了这样改变自己，这是随便哪一种动物都办不到的。

人的对手——剑齿虎——不能够长出一身蓬松的毛来，人却能够：要做到这一点，他只要打死一只熊，把它的皮剥下来。

剑齿虎不会生火堆，人却会：他已经知道使用火了。人已经长成到了能够改善自己和改造自然的程度了。

虽然从那时起已经过了几千年，但是现在还可以看出来，那个时候，人到底改变了大自然里的什么，他自己又曾经怎样改变。

一页页石头写成的书

土地像一本大书，放在我们的脚底下。

每一层地壳、每一层地层——都是这本书的一页。

我们居住在最上面也是最后面的一页上。书的前面几页深深地垫在大洋底上和

大陆下面。

书的前面几页、前面几章，我们是没有办法看到的。我们只能够推测那上面写着些什么。

但是离我们越近、我们越容易看到的几页，我们阅读也越容易。

有些被火烧焦了的书页告诉我们，地下的熔岩曾经怎样弯曲了地上的山脉。

有些书页告诉我们，地壳的升降怎样使海扩大之后又重新变小。

在白得和海里的贝壳一样的、就是由贝壳组成的地层下面，就在那一页下面，是黑得和煤一样的一页。

其实这就是煤。在它黑色的厚层里，可以读到形成煤的大森林的历史。

有的地方，就像书里的插图一样，可以看见一些树木的印痕或者野兽的骨骼，这些野兽曾经在那后来变成煤的丛林里居住。

像这样一页一页地翻阅，我们就可以读到地球的整篇历史。只是在那最后面、最上面的几页里才最后出现了人。起初可能以为他不是这册大书的主人公。他在古象或犀牛之类的巨兽旁边，好像是个配角。但是越往后去，这位新的主人公也就越勇敢地跃居第一位了。后来，那个时代终于来临了，人不仅是做了这册大书的主人公，而且还成了它的著者之一。

瞧，河流阶地的截面上，在冰川时代的地层之间，有一条清清楚楚的黑线。

大书里的这条黑线是用木炭画的。但是在沙和黏土之间，怎么会突然出现一层木炭呢？也许这里曾经发生过森林火灾吧？

但是火灾所留下来的焦痕一定是很大的一片，而这条木炭线却非常短。只有篝火才能遗留下来这样小的一层木炭。

而篝火只有人会生。

并且我们在篝火旁边还找到一些别的人手的遗迹：石器和狩猎时候打死的野兽的残骸。

火和狩猎——这就是人用来对付冰雪的进攻的东西。

人走出树林

在严寒的北方森林里，人差不多没有什么东西可以采集。于是他就开始在森林里奔跑，寻找那些不是待在一个地方不动、等着人去拾取的东西，而是那些要逃走、躲避和反抗的东西了。

甚至于在气候热的地方——在那里的人这时候也开始越来越经常地弄肉来吃了。

肉比别的东西更容易填饱肚子，肉能够给人更多的力气和更多的时间去工作。人正在长大的脑子也需要有肉这样滋养的食物。

人的工具做得越好，在人的生活中，狩猎占据的地位也就越重要。

可是如果说狩猎即使在暖和的南方也成了必需的，那么在北方如果不打猎就没法生存了。

小的野兽已经不能使人满足，人需要的是大的猎获物。在北方的森林里，冰雪、大风和寒冷都妨碍打猎，因此要储备好够很多日子吃的肉。

人开始去猎哪一种野兽呢？

森林里有许多大的野兽。鹿群在林间空地上徘徊，吃着青苔。野猪在拱着森林里的土地。

但是大的野兽最多的地方不在森林里，而在草原上。那里，在一望无际的原野

上，一群一群的毛茸茸的野马在吃着草。驼背的野牛群一股风似的在奔驰，使大地都震动起来。长毛的巨兽——猛犸——像一座座活的山，慢慢地踱着方步走过去。

对于原始人来说，这些都是活的、能走的肉——这都是引诱他、召唤他追过去的香饵。

人追踪着猎物，于是从他出生和长大的森林里走了出来。

人移住到草原上，越移越远。我们可以在离森林很远的地方找到他的火堆和狩猎宿营地的遗迹，这些地方，采集人从来没有居住过，也不可能居住。

应该会读的一个字

　　苏联的考古学家研究了几百处在苏联各地——顿河上和第聂伯河上，克里木和卡马河上流，高加索和中亚细亚——所发现的古代猎人的宿营地。在这些宿营地，至今还保存着各种石器、火堆的灰烬和被他们在打猎的时候杀死的野兽的骨头。那里有变黄了的马的肋骨，有带角的野牛头骨，还有弯弯的野猪牙齿。这些骨头在有的地方形成很大的一堆，显而易见，那时候，人在那个地方住了很久。

　　最有趣的是，在古狩猎宿营地里，在马、野猪和野牛的骨头当中，还有巨大的猛犸的骨头：巨大的头骨、长长的弯成弧形的门牙、像锉刀一样的牙齿、和身躯分离的巨大的腿。

　　离沃罗涅什不远，在一个村庄的附近找到了很多很多猛玛和其他动物的骨头，多得甚至于人们干脆把那个村子叫作"骨头村"。

　　要杀死像猛犸那样的巨兽，需要多大的勇气和力量啊！把猛玛的身体肢解开来，再把它拖回宿营地去，需要更大的力气。它的每一条腿差不多就有一吨重，

而头骨大得可以让一个人钻到里面去。即使是带着特种猎象枪的现代猎人都未必容易对付猛犸，而原始人却连枪都没有呢，他的全部武器只是石刀和装着石头尖头的猎矛。

不错，从采集人变成猎人，这中间的几千年里，石器已经改变了，变得更加尖锐、更加好用。在做石刀或者石矛头之前，人先敲去石头最外面的一层，然后磨平所有凸凹不平的地方，再把石头劈成石片，最后才用这些石片来做他所需要的石刀。

要用像燧石这样不大合适的、坚硬的材料做成一把刀，需要有很高的技巧和不少工作时间。因此，人制好一件石器，现在已经不是用完了就随手扔掉，而是很当心地收藏着，等用得变钝了，就把它磨快。人重视工具，因为宝贵他自己的劳动和自己的时间。

但是无论怎样努力，石头终究是石头。在需要和猛犸这样的巨兽打交道的时候，燧石尖头的猎矛是不好的武器。猛犸身上有一层很厚的皮，就跟装甲舰外面的一层钢板一样。

但是不管怎样，人还是打死了猛犸。在宿营地找到的它们的头骨和门牙向我们说明了件事。

原始的猎人究竟是怎样对付猛犸的呢？

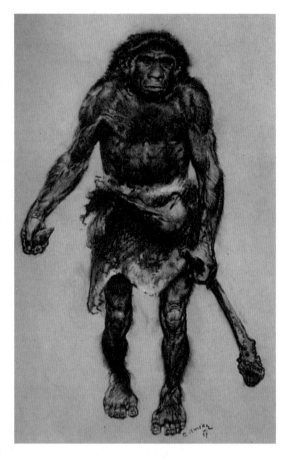

这只有会读"人"字的人，当他说"人"的时候，却想着"人们"的人才能够明白这个道理。不是人，而是人们用共同的力量学会了制造工具，学会了打猎、取火、造房子和耕地。不是人，而是人类社会用千千万万人的劳动创造了文化和科学。

一个单独的人直到如今还会依旧是只野兽。

集体的劳动把野兽变成了人。

有些书里，把原始的猎人描写成像鲁滨孙那样的人，他用不屈不挠的劳动独自把什么都做到了。

假使从前人真的是像鲁滨孙这样孤独一个人，假使从前人都是一家一家单独过日子，而不是过着集体生活的话，人就永远不会变成人。

实际上鲁滨孙的生活完全不像笛福[1]所讲的那样。笛福采用从前一个真实的水手的经历作为他小说的根据。这个水手是一艘轮船上的暴动煽动者。这个煽动者被放逐到大洋中的一座没有人烟的小岛上。过了许多年，旅行的人到这座岛上去，他们找到了这个变得像野人一样的、岛上的唯一的居民。这老水手差不多完全不会说话了，而且与其说他像人，不如说他更像野兽。

一个人要单独地生活是很难的。

更不用说原始人了！

他们之所以变成人，只因为他们在一起居住，在一起打猎，在一起制造工具。

---

[1] 笛福（约1660—1731），英国小说家，他的代表作就是长篇小说《鲁滨孙漂流记》。

人们用整个部落去追捕猛犸，不是一支猎矛，而是几十支猎矛一同刺入它的毛茸茸的肋部。人群像一个有许多脚和许多手的人追赶着猛犸。不仅是几十只手一同工作，而且还有几十个脑袋。

猛犸比人大许多倍，强许多倍，可是人比猛犸聪明得多。

猛犸有那样重，它要踏死一个人真是毫不费力。但是人就利用这只连大地也只能勉强承受得住的巨兽的自身重量来战胜它。

人们从四面八方把猛犸包围起来，放火点着草原。猛犸的眼睛被火眩花了，毛也烧着了，冒着烟，它拼命地背着追逐它的火势奔逃。火——按照人的巧妙的计谋——把它一直赶到沼泽里。

猛犸到了泥泞的地方，就像建在沼泽上的大石头房子一样陷了下去。猛犸的吼声像雷鸣般震动着空气，努力从泥泞里一会儿拔出这只脚，一会儿拔出那只脚。但是这样只不过使它向泥泞里陷得更深。

这时候人们只要打死它就成了。

把猛犸赶到泥泞里去打死是一件很不容易的事，可是把它拖回宿营地去就更困难了。

宿营地一般总是位于高高的、不会被水淹到的河岸上。河供给人们水喝，它的浅滩和河岸又供给人们石头——工作用的材料。

这就是说，必须把猛犸从低凹的沼泽里拖到高处去。

这里做这个工作的又不是两只手，而是几十只手。人们用石头的尖刃器耐心地砍着、切着、锯着猛犸的厚皮以及硕健和结实的肌肉。有经验的老人给大家指示，应该切哪些地方才可以很快地把头和腿从身躯上肢解下来。最后，人们好不容易把猛犸肢解成一块块的了，就开始把它们拖到上面的宿营地去。

几十个人呐喊着，把巨大的毛茸茸的腿或者长着拖到地的长鼻子的头沿着地面拖拽着。

等他们回到宿营地，已经是一身大汗，筋疲力尽了。但是过后，在宿营地大家将怎样地狂欢啊！人们知道，猛犸是最大的盛宴，是他们盼望了很久的盛宴。他们知道，猛犸是足够吃许多许多天的食粮。

竞赛终结

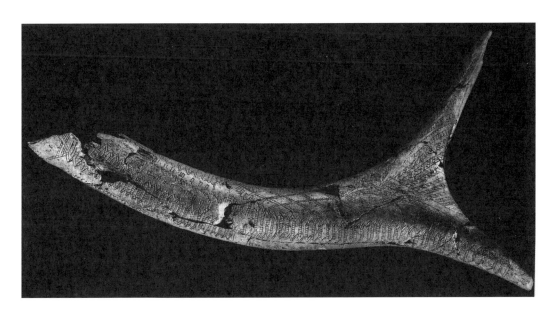

　　人和其他动物之间的竞赛已经终结了：人战胜了最大的野兽，成了到达终点的胜利者。

　　因为这个原因，地球上人的数目开始增长得越来越快。每过一百年，每过一千年，人变得越来越多，结果他们住满了全球。

　　这样的事情，在任何别种动物那里都不可能发生。

　　比如说，兔子能不能也变得和人一样多呢？

　　当然不可能。对于二十亿只兔子，地球上的食物是会不够的。除此之外，只要兔子的数目一增加，狼也就要变多了，而狼就自然会设法使兔子数量重新减少的。

　　这就是说，动物的数目是不会无限制地增加的。似乎有一条它很难突破的界限。

　　人早已把所有的界限和限制都移开了。他学会了制造工具之后，就开始吃从前没有吃过的食物，强迫大自然对他更慷慨一些。那从前只能养活一群人的地方，现在可以有两三群人了。

　　后来，人开始猎取大的野兽，就更加改善了自己的生存条件，于是开始移住到全球去了。

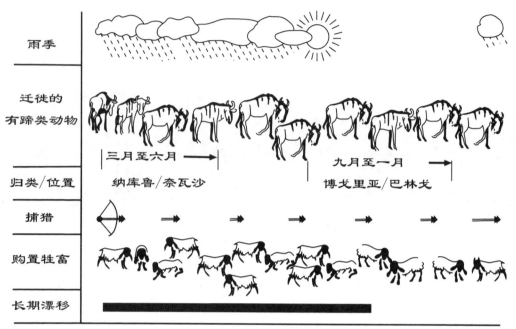

雨季	
迁徙的有蹄类动物	
归类/位置	三月至六月 九月至一月 纳库鲁/奈瓦沙 博戈里亚/巴林戈
捕猎	
购置牲畜	
长期漂移	

三月 四月 五月 六月 七月 八月 九月 十月 十一月 十二月 一月 二月 三月

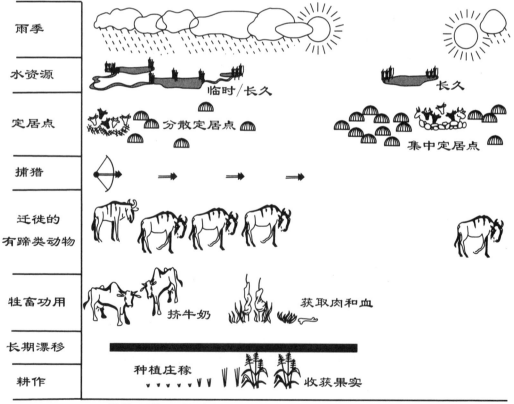

雨季	
水资源	临时/长久 长久
定居点	分散定居点 集中定居点
捕猎	
迁徙的有蹄类动物	
牲畜功用	挤牛奶 获取肉和血
长期漂移	
耕作	种植庄稼 收获果实

三月 四月 五月 六月 七月 八月 九月 十月 十一月 十二月 一月 二月 三月

现在，人已经无须去啃吃植物、采集植物了。有野牛、马和猛犸代替人去啃吃。那些野兽群在草原上徘徊着，吃下去的青草像几座山那么多。一天一天、一年一年地，它们把成吨的青草加工制造成公斤的肉，给自己增加体重。而当人打死了一只野牛或者猛犸，他立刻就取得了它所储藏的物质和能量，这是它许多年来制造成的。

而储藏是很需要的，在暴风雨、大风雪或者严寒的天气，人没法出去找食物。冬天和夏天一样暖和的那种幸福的时代已经过去了。

但是变化一个一个地接踵而来。

既然人开始储藏食物，那么他就不得不更少迁徙，更多地定居下来。宰杀好的猛犸肉是没法随身拖带着到处走的啊！

同时还为了一些别的原因，人也不能再做没有家的流浪汉了。从前，每一棵树都可以供人作为藏身的地方住一夜来防御猛兽。现在人已经不太怕猛兽了。但是他有了另外一个敌人——寒冷。

为了防御寒冷和风雪，人需要有一个可靠的藏身的地方。

人建造第二个自然

于是，人着手在巨大的寒冷的世界里，给自己建造一个小小的暖和的世界的时代终于来临了。

他在某一个洞口或某一块岩石的下面，用兽皮或者树枝给自己搭一片天，在那下面没有雨，没有雪，也没有风。他在自己的小世界当中燃起一个太阳，这太阳夜里给人光亮，冬天给人温暖。

在骨头村的古代猎人宿营地，直到如今，有的地方还保存着一些坑，坑里面埋藏着一些支撑"天穹"——小屋顶棚的柱子。在几根柱子的中间保留着一些熏黑的石头，那些石头曾经围绕着火塘——人造太阳。

墙壁早已倒塌了，碎裂了，腐烂了。但是，墙壁尽管已经没有了，却可以绝对正确地指出，它们曾经立在什么地方。

石刀和刮削器，燧石的碎块和碎片，断了的动物骨头，火塘留下来的炭和灰烬——所有这一切都跟泥沙混合在一起。

但是只消走几步路，跨出那早已消失了的住屋的范围，走出那看不见的墙壁，一切使人想起人类劳动的东西立刻都看不见了。地里不再有工具，不再有火堆的炭和灰烬，也不再有兽骨了。

直到如今，那原始人所创建的"第二个自然"还仿佛被一条无形的线跟它周围的一切事物隔开着。

我们在发掘保存着人手的遗迹的土地、研究石刀和刮削器、翻弄早已熄灭了的火塘的炭屑的时候，清楚地看出，那旧世界的终结并不是人类的终结，因为人已经学会了利用自然界的材料给自己建造一个自己的世界——"第二个自然"。

第五章

到古代去旅行

在猎取野牛和猛犸的猎人的宿营地找到的石器当中，最常看到的是两种工具：一种大的，一种小的。

大的工具是一块两面锐利的、很沉重的三角形石头。小的工具是边缘锐利的轻巧的长石片。

显然，这些工具，每一种都有它自己的用处，要不然它们就不会这样不同了。

这两种工具都是锐利的——也就是说，曾经用来切东西或者砍东西。一种比另外一种大而重——这就是说，它是用来干比较粗重的活的，显然，用它干活的时候是需要很大的力气的。

这究竟是什么样的活呢？

最好让我们回到石器时代去，看一看那时候的人们怎样使用石头工具干活。

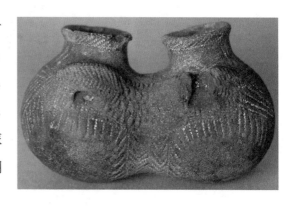

有些地方的人，比如说在澳洲吧，直到如今还使用石头工具。这就是说，我们可以用空间的旅行来代替时间的旅行。科学家如果想知道从前某一个时期的人们怎样生活，就是这样做的。

澳洲到现在还有一些人保存着石器。我们正要到这些人的地方去，好知道他们是怎样干活的。

走过一片片干燥荒凉的草原，草原上有的地方长着有刺的灌木丛，我们深入到澳洲的腹地，到澳洲猎人的宿营地去。在河边的树底下，我们看见他们那用树皮和树枝搭成的小屋。

小屋的前边，孩子们在玩耍，男人和女人们坐在地上干活。瞧，这个老头子，头发蓬松，像戴着顶毛茸茸的大帽子，留着把大胡子，他正在把打猎的时候打死的一只袋鼠的皮剥下来。老头子用一把三角形的石刀在干活。这正是使我们到这么远来旅行的那一件大的石器啊。

边上那个女人用一块又长又细的石头片在把兽皮缝成衣服。

我们又认出了熟悉的东西，在欧洲的古代猎人宿营地找到的又细又长的刀，正跟这个一模一样。

当然，现代的澳洲人不是原始人。他们跟原始人之间已经相隔了几千代了。他们的石器是古时候留传下来的遗物。

可是这些古时候的遗物能够向我们说明许多事情。比如说，我们在观察澳洲人干活的时候看到，那件大的三角形石器是男人的工具，猎人的工具。他们打猎的时候用这种三角形的石器来结果野兽的性命，剖开野兽的躯体，剥下野兽的皮。而小刀是给女人用来料理家务的工具。她们用它缝衣裳，用它割皮条，用它刮兽皮。

工具的分工正说明人的分工，远在原始猎人时代，人们就已经开始分工了。

劳动越来越复杂了。为了取得更大的成就，不得不一个人做这一件事情，另一个人做那一件事情。在男人追捕野兽的时候，女人并不是闲坐着：她们建造茅屋，缝制衣服，采集植物的根，预备储粮。

还有另外一种分工：老年人和年轻人之间的分工。

千年学校

无论干哪一种活都需要有技巧。但是技巧是不会从天上掉下来的，必须从某一个人那里承受过来。

如果每一个木工都得自己发明斧子、锯子、刨子，并且还得自己琢磨怎样用这些工具来干活的话，那么世界上连一个木工也不会有了。

如果为了研究地理，我们每个人都得周游全球，重新发现美洲，研究非洲，爬到额菲尔士峰[1]去，并且测量过所有的地峡和海峡——那么即使把人的寿命再延长一千倍，仍旧是一辈子也来不及做完的。

越往后，人也就越加需要学习。新的每一代都从前辈那里接受到越来越多的学问、知识和新发现的事物。

两百年前，往往有人在十六岁就可以当上教授，但是现在你倒试试在这个年龄做教授看！

我们要花费整整十年，才能读完十年制学校。而将来，人们学习的时间还要延长。每年每一种科学都有新的发现，而且学科的数目也在增加。从前只有一门物理

---

[1] 1952 年，我国政府把额菲尔士峰正名叫珠穆朗玛峰。

学，现在却又有了地球的物理学——地球物理学，又有了恒星的物理学——天体物理学。从前只有一门化学，现在却又有了生命有机体的化学——生物化学，又有了农业的化学——农业化学。

在新的知识的推动下，科学像活的细胞一样生长着，分裂着，繁殖着。

在石器时代当然什么科学也没有。人们刚刚开始积累经验。那时候人的劳动不像现在这么复杂。因此人花费在学习上的工夫不多。虽然不多，但是就是在那个时候，也已经需要学习了。

为了追踪野兽，为了缝制兽皮，为了建造茅屋，为了制造石刀，都需要技巧，需要技术。

可技巧是从哪儿得来的呢？

人并不是生下来就是技工，技术是学来的。

从这里就可以看出来，人类已经超过动物有多远了。

动物所有的活的工具和它们所擅长的技巧，都像毛色和体形一样，是从父母那里遗传来的。猪用不着学拱地，因为它生下来就有一个用来拱地的鼻嘴。啮齿类动物不难学会啮东西和啃树，因为切削刀似的牙齿就长在它们的嘴里。因此动物不仅没有工场，也没有学校。

随便哪只刚从蛋壳里钻出来的小鸭子，立刻就会捉苍蝇和草虾吃，虽然谁也没有教过它。杜鹃的雏鸟是在别的鸟的窠里长大的，没有亲生的父母照料。可是到了秋天，它们用不着老鸟领它们，自己就会出发去旅行，虽然谁也没有指给它们，它们非常出色地找到了往非洲去的路。引导它们到那里去的不是智慧，而是天生的本能。

当然，动物也从它们的父母那儿模仿了一些经验。但是，学校两个字在这里根本谈不上。

人就是另外一回事儿了。

他自己制造自己的工具。他并不是带着工具一同生下来的。这就是说，他使用工具的技巧并不是从父母那里遗传得来的，而是在干的中间从老师和先辈那里学来的。

人们并不是一生下来就带着现成的技巧的。他们学习和念书，每一代人都向人类经验的总仓库里添加一点什么进去。经验越积越多。人类越来越懂得自然和人类社会的规律，不知道的事情就越来越少了。

　　每一个小学生都念书，整个人类也通过学校，学习到了越来越多的新知识。

　　正是这所千年学校把人造就成了现在这样的人，给了他科学、技术和艺术，给了他整个文化。

　　人在石器时代就已经进了千年学校。年老有经验的猎人把相当难的打猎技术教给年轻人：教他们怎样辨认野兽留在地面上的足迹，指点给他们看，应该怎样走到野兽跟前去，才不至于把它吓跑。

　　在我们的时代，打猎也需要技巧。但是不管怎样，现代当猎人是容易得多了，因为猎人至少用不着自己制造武器了。石器时代的猎人却需要自己制造棍棒、刀和

猎矛的头，在这方面，一个有技术的老年人能够教给青年人许多事情。

妇女的活也需要学习。女人同时又要管理家务，又要建筑茅屋，又要砍柴，又要缝衣。

年老的有经验的男人和女人把自己在多年劳动生活中得来的经验传授给青年人。

可是用什么法子把自己的技术和经验传授给别人呢？

指点和讲解。

而做这些事情是需要语言的。

动物用不着教自己的孩子怎样使用它们的活的工具——爪子和牙齿，因此动物也就用不着说话。

而人却必须说话。

人需要语言，是为了干活的时候彼此联络，为了年长的人能够把自己的经验和技巧传授给年轻人。

那么石器时代的人是怎样说话的呢？

再到古代去旅行

让我们再到古代去做一次旅行吧，但是这一次让我们设法做得比较简单一点儿。

我们在旋转无线电收音机的旋钮的时候，用不着走出屋子，一转眼就从莫斯科到了巴黎，从巴黎到了纽约，从纽约到了孟买。要是我们还有了电视机，那么我们不但可以听见，而且还可以看见住在别的城市、别的国家，远隔山岭和海洋的人们了。

但是怎样才可以听见和看见那些人，他们不是跟我们隔多少英里，也不是隔开多少千米，而是跟我们隔开多少年、多少年、多少年？

有没有那么一种工具，我们依靠它能够做时间旅行，就像空间旅行一样？

这种工具是有的，就是有声电影。

我们可以在电影的银幕上看见全世界——不仅可以看见现在的，而且可以看见不久以前的。

瞧，这是在莫斯科的红场上，大批的人群在骚动着、喧嚷着，他们在欢迎征服了北极的人。瞧，一只白色的圆球——平流层气球远远地出现在高空里，仿佛是地球的一个新的卫星。

但是电影机这只"轮船"不能把我们载到它自己被发明以前的那个时代里去。而它又是在最近，不过几十年前才发明的。最初的有声电影是在 1927 年拍摄的。

再往远去，我们的"时间旅行"就只好从一只船换到另外一只船上去了。而船是越换越糟：我们从轮船换到帆船上去，从帆船又换到普通的小船上去。

瞧，这是无声电影的银幕。它是在1895年发明的。我们在这银幕上看见过去，但是听不见。

瞧，这是留声机。它是在1877年发明的。我们听见一个活生生的声音，但是我们看不见是谁在说话。

而这些"船"又只能把我们载到它们自己下水的那个岸边。

电影只能给您看1895年以后的事情。

而留声机只能把我们"载"到1877年为止。

声音不响了，它只保存在字母的记号里，保存在书的单调的整齐的行间。

在照片上，在那些古老的用银版摄影法拍出的照片上，凝滞着人的笑容和神色。

你翻看旧的家庭相册。在绿色天鹅绒的封面底下，在青铜扣环串连起来的硬纸页上，你看到了几代人的生活。

瞧，在这一页上有一位姑娘的一张褪了色的照片，姑娘的穿着就跟上世纪七十年代的小孩子的一样。姑娘靠在风景如画的一座花园的一面墙上，实际上这只是拍照的小屋子里的布景罢了。

在这同一页上，在旁边，是披着长头纱的新娘和穿着燕尾服的秃头、肥胖的新郎，他把戴着钻石戒指的手正好放在大理石柱子一半的地方。新郎比新娘至少大三十岁。新娘有跟旁边那张照片上的姑娘一样的天真而羞怯的眼神。

瞧，这也是她，已经过了四五十年以后了。你简直认不出她了。在黑色花边的头巾下面是布满皱纹的前额，温柔而疲倦的目光，干瘪的嘴巴。在对面画着一个可爱的女孩子的像，她的手里拿着一架照相机。在孩子的像下面横着一行老年人的颤抖的笔迹："我亲爱的孙女儿，钟爱她的祖母画"。

在旧照相册的一页上就是一个人的整整一生。

离我们时间越远，照片上的人的脸部表情、头部姿势、手的动作也就越不清楚。现在我们可以毫不困难地把正在马背上跳跃中的骑手或正在跳进水里去的游泳的人照下来，而从前如果想照下一个人来，就必须让他坐在一把特制的有夹子的椅子上，夹牢他的头和肩膀，使他动弹不得。难怪那些人照出来都像是偶像，而不

象形文字 约 3000 B.C.E.									
早期楔形文字 约 2400 B.C.E.									
亚述晚期文字 约 650 B.C.E.									
苏美尔语音学对 应词及意义	k 吃	mŭsen 鸟	sag 头	gu⁴ 公牛	še 麦子	ud 白天	sŭ 手	ku⁶ 鱼	a 水	b 奶牛

像真的人了。

1838 年。越过这条界限，就连照片也没有了。在我们以后的旅行中，我们不能再依靠像照相机那样公平、正确的证人了，而要去依靠古时候的别的证人了。

为了恢复古时候的情景，我们不得不把为我们保存在美术馆、档案处和图书馆里的证明文件拿来校核和对照一下。

像这样，成百天、成百年就在我们前面飞掠过去，就像路旁边里程碑上的数字一样。

我们在旅途中又要换船了。1440 年，越过这条界限之后，我们再找不到印刷的书籍了。代替清晰的印刷体的，是抄书人手写的着意修饰的字体。

抄书人的鹅毛笔尖在羊皮纸上慢慢地爬着，而我们也跟着它慢慢地一步一步、一字一字走向古代。

从羊皮纸走到纸莎草纸和寺院墙壁上的题铭，我们到古代去的路越走越远了。

古代人留给我们的文字越来越难懂，越来越像谜了。

最后，文字没有了，古代的声音完全沉寂了。

再往前去是什么呢？

我们在地底下搜寻人的遗迹，发掘被人遗忘了的坟墓，研究古时候的器具、早已毁坏了的房子的基石和早已熄灭了的火塘里的炭屑。

这些古代的遗物告诉我们，那时候的人曾经怎样生活，怎样干活。

但是它们能不能够告诉我们，那时候的人曾经怎样说话和思想呢？

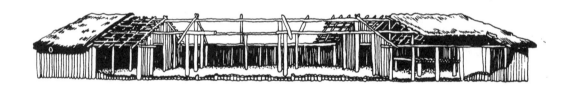

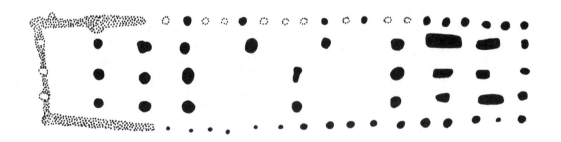

不用舌头的语言

在洞穴的深处，在原始猎人的宿营地，常常也可以找到原始人，或者不如说，找到他们所遗留下来的骨骼。

他们的头盖骨和完整的骨架，曾经在许多地方被发现过：在前苏联，在法国，在德国，在比利时。根据早期发现这些骨骼的地点之一——尼安德特河流域的名字，所有这些古代的人都被唤作"尼安德特人"。

我们就把我们的主人公也唤作"尼安德特人"吧。

给他起个新的名字是必要的，因为从猿人到他这个时代的几十万年间，他已经完全变成另外一种人了。

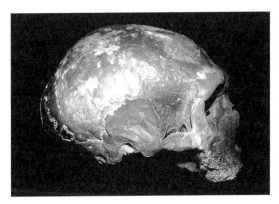

他的背挺直起来了，他的手变得更灵活了，他的脸变得更像人的脸了。

小说家总是不惜辞藻地详细描写他的主人公的外貌：他的眼睛，他的鼻

子，他的头发。但是他们从来也没提到主人公的头盖骨的容量。

我们的情形跟他们不同。对于我们，主人公的头盖骨的容量有头等重要的意义，我们对这一点比对他眼睛的神情和他头发的颜色要有兴趣得多。

我们仔细地把尼安德特人的头盖骨测量了之后，可以满意地指出：他的脑子发展了，跟猿人的相比已经增大了。

显而易见，千万年的劳动并没有白费。它把人完全改变了，改变得最多的是他的手和他的脑袋。干活需要用手，指挥需要用脑。

人拿起一件砍砸器，把石头改变成新的样子，他不知不觉地改变了自己，改造了自己的手指，使它们变得越来越灵活，改造自己的脑子，使它变得越来越复杂。

当你看到尼安德特人的时候，已经不会认为他是只猿了。

但他还是多么像猿啊！

低低的前额向前倾斜，像遮阳板似的凸起在眼睛上面。斜长着的牙齿也向前凸出。

前额和下巴——这是他和我们不同的地方。前额向后削，下巴却几乎看不见。

在这个差不多没有前额的头盖骨里，脑子缺少一些现代人具有的某些区域。那个有斜削的下巴的下颌还不适合说话。

有这种前额和这种颌骨的人，还不能像我们这样思想和说话。

但是不管怎样，他也需要说话。共同的劳动要求人说话。人们在一起干活的时候，他们不能不大家商量着干。人不能够等待他的下巴发育好了、颌骨变宽了之后再说话，这个恐怕要等待几千年才等得到呢。

那么人究竟怎样表白自己的意思呢？

他能怎样表白就怎样表白——用整个身体来表白。那时候他还没有特别的说话器官，因此他用整个身体来说话，用脸上所有的肌肉说话，用肩膀说话，用腿和脚说话，而说得最多的是手。

你和狗谈过话吗？狗在想向自己的主人说明什么事情的时候，它凝视着主人的眼睛，用鼻子推他，把爪子放在他的膝上，摇着尾巴，它焦躁得又伸懒腰，又打呵欠。它不会用语言来表白，所以它只好用整个身体——从鼻子尖到尾巴尖——说话。

原始人也不会用语言说话。但是他有手，可以帮助他向别人表白自己的意思。因为他干活用手，而舌头对于干活却用不着。

人挥一下手，来代替说"砍"；他伸出手掌来代替说"给我"；他向自己这里招手来代替说"走过来"；同时他还用声音来帮助自己的手：呼喊、哼哼、吆喝，来引起对话的人的注意，要他注意自己的手势。

可是我们从哪里知道这些事呢？

从地底下找到的每一块石器碎片都是古代事迹的碎片。

但是在哪里可以找到手势的碎片呢？怎样叫那早已腐烂了的手的动作重演一遍呢？

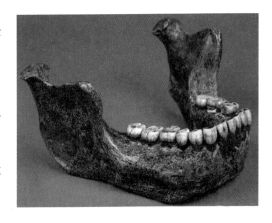

假使原始人不是我们的祖先，这件事情简直是办不到的。

手势—图画

不久之前，有一个印第安人到列宁格勒[1]来。这个涅灭普族的印第安人的外表一点儿也不像费尼莫尔·库柏[2]所描写的那种握着战斧的印第安人。

这位从美洲来的客人没有穿鹿皮靴，也没有用羽毛装饰他自己的头部。他穿着跟你我一样的衣服，而且会同样流利地说英语和他自己那一族的语言。

除了这两种语言，他还会另外一种语言，是很古很古的时候在印第安人之间流传下来的。

这是世界上最简单的一种语言。如果你想学会它，你用不着学习各种词类的变化。这种语言没有那些过去式啊，假定式啊，分词啊，副动词啊，这些语法我们有些人也很难掌握。学习发音也不怎么困难，因为根本用不着发音。那位到列宁格勒来的印第安人所会说的第三种语言不是有声的语言，而是手势的语言。

假使你想编一本这种语言的字典，大概会编成这种样子。

手势字典里的一页

弓——一只手握着无形的弓，另外一只手拉开无形的弓弦。

---

[1] 列宁格勒于 1991 年恢复旧名为圣彼得堡。

[2] 费尼莫尔·库柏（1789—1851），美国小说家，著有小说集《皮裹腿故事集》，描写早期美国边区山林居民的生活，赞扬印第安人的勇敢和正直。

小屋——用两手的指头互相交叉，装成向两面倾斜的屋顶的形式。

白人——用手掌遮在额前移动，大概表示帽檐。

狼——一只手，用两个指头向前伸出，像两只耳朵。

兔子——也是一只手伸出两个指头，再加上把手拱成弧形。这是兔子的两只长耳朵和一个圆背。

鱼——手掌竖立着，在空中弯来弯去。这是表明一条游着的鱼，它用尾巴摆来摆去。

青蛙——把三个手指头并在一起，放在桌子上跳。

乌云——把两个拳头举在头上，表示低悬在空中的乌云。

雪——也是用两个拳头，慢慢地松开并且往下落，摇摇晃晃地像飘飞着的雪花。

雨——也是用两个拳头，松开并且很快地往下落。

星——两个手指高高地举在头上，一会儿合拢，一会儿分开，表示星的闪烁。

在这里，每一个记号都是用手在空中描绘的一幅图画。就像最古时候的文字不是字母而是图画一样，可能古时候的手势也是手势—图画。

当然，现代印第安人的手势语言已经不是原始人所说的那种语言了。在印第安人的语言里，除了古代的手势之外，还可以找到一些原始人不可能有的手势。比如说，下面几个手势就是最近才开始用的。

汽车——用两只手做圆圈动作，表示两个车轮。然后装出把着方向盘的样子。

火车——也是两只车轮，再用手做波浪式的动作，表示从机车的烟囱里冒出来的烟。

这是最新的手势。在这本手势字典里，我们可以在新手势的旁边，同时找到一些大概是原始人流传下来的手势。你看，下面就是。

火——用手从下向上做波浪式的动作。这是表示从火堆往上冒的烟。

干活——用手掌砍空气。

谁知道呢，也许原始人想说"干活吧"的时候，也用手掌砍着空气。最早的工具是砍砸器。

那时候干活和砍[1]是同一件事情。难怪现在我们有声的语言里边，рука、рушить、орудие、оружие[2] 这些词彼此都是那么相似。

---

[1] 在俄语里"干活"是 работать，"砍"是 рубить，这两个词有些相似。

[2] 俄语 рука 的意思是手，рушить 的意思是毁坏，орудие 的意思是枪，оружие 的意思是武器。

我们自己的手势语言

我们也保留着手势语言。

当我们想说"是"的时候，我们常用点点头来表示。

当我们想说"那边"或者"到那边去"的时候，我们用手指指示。为了这个，我们甚至于有一个专用的手指，它就叫作"示指"[1]。

我们问好的时候，点头行礼。我们摇头，我们耸肩，我们摊开两手，我们竖眉毛，我们咬嘴唇，我们用手指恫吓人，我们敲桌子，我们跺脚，我们挥手，我们抱头，我们按心口，我们张开怀抱，我们伸出两手，我们在告别的时候送出飞吻。

您瞧，这是一个字也没有的整套会话。

这个"不用舌头的语言"——手势语言不愿意退出舞台。

它有它自己的优点。有的时候，一个手势可以比一大篇话表达出来的意思还丰富得多。一个好的演员能够半个钟头里一句话也不说，但是他的眉毛、眼睛和嘴唇说出来的却比千百句话的意思还要多。

当然，滥用手势语言也是不好的。

那些可以用语言来表达的意思，又何必用手和脚来表达呢！我们又不是原始人。跺脚、伸舌头、用手指头指指点点——这些习惯还是去掉的好。

可有的时候，"不用舌头的语言"是完全没有法子用别的语言代替的。

你有没有看见过，人们在一艘舰船上向另外一艘舰船打旗语来传达信号吗？如果想冲破狂风巨浪的喧闹，有的时候还有大炮齐鸣，那得有多大的声音啊！在这种情况之下，耳朵就拒绝为人服务了，那时候眼睛就得来帮忙。

你自己也常常应用"不用舌头的语言"。当你在上课的时候，要向老师说什么话，你就举起手来，你做得很对：假使三四十个人一同说话，就没法上课了。

可见得，"不用舌头的语言"并不算太坏，因为它虽然已经存在了千千万万年，但是人们还是需要它。

---

[1] 俄语里所谓"示指"，就是我们所谓的食指。

它在许多民族里像古时候的遗产一样保留了下来。

有声的语言胜利了，但是它并没有把古代的手势语言完全排挤出去。于是被征服者就做了胜利者的仆人了。

在叙利亚，在波斯，还有许多别的地方，都发现了手语。

在东方的某些地方，不久以前，女人还没有权利利用有声的语言和别家的男人交谈。她只能够用手来向他们表白意思。

波斯的王宫里的仆人必须用记号来说话。他们只能跟自己地位平等的人用语言交谈。这些不幸的人们真是名副其实地被剥夺了"发言权"。

难怪现在好品行的规矩是教年幼的人不要先开口说话，而先行礼。

像这样，在现代我们找到了早已逝去的古代的遗产。

人为自己挣得智慧

森林里的每一只野兽都在倾听和注视从四面八方向它传来的成千的信号。

树枝响了一声——这也许是敌人偷偷地在向它走来吧，必须逃走，或者准备抵抗。

打雷了，风在森林里刮过，把树叶从树枝上扯下来——必须藏进洞里和巢里去，躲避那将要袭来的暴风雨。

在发出霉烂的叶子和蕈的气味的地面上，隐隐约约透出一阵野物的气息——必须去循踪追迹，捕获这个食物。

每一种动静、每一阵气味、草里的每一个痕迹、每一个喊声或叫啸都含有一定的意思，必须采取一定的行动。

原始人也倾听大自然传给他的信号。但是除了这些信号之外，不久他还学会了了解其他的一些信号，人传给他的信号。

猎人在森林里的某处找到了鹿的足迹。他用手把关于这件事情的信号传给在他后面走着的别的猎人们。他们还看不见野兽，但是那传给他们的信号也使他们同样留意起来，更紧地握住他们的武器，就像他们在自己的面前已经看见了鹿的多叉的角和警觉的耳朵。

地上的野兽足迹——这是信号。挥手说明找到了足迹——这是报告信号的信号。

每一次，当猎人中的某一个在地上找到了足迹，或者听见了偷偷在爬行着的野兽窸窣的声音，他用一个信号把这个信号传给他的伙伴。

像这样，在大自然传给人的信号之外，又加上了人传给人的"信号的信号"——这就是语言。

伊万·彼得罗维奇·巴甫洛夫在他的一篇著作里就这样说，人的语言是"信号的信号"。

起初仅仅是手势和喊叫。这些"信号的信号"被眼睛和耳朵接受以后，进入人的脑子里，就像传送到电话总局去了一样。脑子得到了"信号的信号"——"野兽走近了"，立刻向手发出命令——把猎矛握得更紧一些，向眼睛发出命令——更加留心察看那些枝叶，向耳朵发出命令——更加仔细倾听森林里的咯吱声和窸窣声。野兽还看不到，也听不见，但是人已经预备好了来接待它。

手势越来越多，"信号的信号"越来越经常进入脑子里去，人的头盖骨里的前额区的"总局"的工作也就越来越多。由于这种原因，"总局"就得越来越扩大。脑子里出现了越来越新的细胞，这些细胞之间的联系也越来越复杂。脑子渐渐地发展着，它的容量增大了。

尼安德特人的脑子的容量比猿人的大四百到五百立方厘米。人的脑子在发展，人在学习思想。

他一看见或一听见表示"太阳"的信号，他就想到太阳，尽管这时候可能是深夜。

别人指示给他看，叫他去把矛拿来，他就想到矛，尽管这时候矛并不在手边。

共同的劳动教会了人说话。在他学会了说话之后，他也学会了思想。

人获得智慧并不是由于自然的恩赐。他是用他自己的紧张的劳动，用千万代人的劳动挣来的。

舌和手怎样调换角色

在工具还不很多的时候，在人的经验还不很多的时候，有最简单的手势就足够传递经验了。

但是劳动越变得复杂，手势也就越变得复杂了。每件东西都需要一种特别的手势，而且这种手势还必须能很准确地描绘和模拟这件东西。

产生了手势—图画。人在空中画野兽、武器、树木等。

瞧，人在模拟一只豪猪，他不仅是画一只豪猪，而且他自己好像也暂时变成了

豪猪。人做手势，表示豪猪怎样拱地和用爪子把泥土抛到旁边去，它怎样竖起浑身的刺来。

要讲这种无声的故事，必须有极强的观察力，这样的观察力在我们的时代只有在真正的艺术家那儿才会看到。

当你在说"我喝水"的时候，很难从你的话来判断，你究竟是用什么方法喝水的——用杯子喝，用瓶子喝，还是只用手心捧着喝。

还没有忘却用手来表白事情的人却不是这样说话的。

他把手掌捧到自己的嘴边去，贪婪地喝着那无形的水。简直就叫人觉得，水真是又凉又甜，而且能解渴。

我们简单地说"捕捉""打猎"。古时候的人却用手势描绘出打猎的整个场面。

手势语言是很贫乏的，但是同时又是很丰富的。

说它丰富，因为它能活生生地把事和物描绘出来。但是同时它又是很贫乏的。

用手势可以指出左眼或者右眼，可是如果想光说"眼睛"，却难得多。

可以用手势准确地描绘东西，但是用任何手势都表示不出抽象的概念。

手势语言还有一些别的缺点。

夜里没有法子用这种语言交谈。在黑暗里，无论你挥多少次手，也不会有人看得见的。

而且就是在太阳光下，也不是总能用手势商量事情。

在草原里，人们可以毫无困难地用手势表达意思。但是在森林里，树木的墙壁把猎人们隔开了，他们就完全无法谈话了。

在这里，人就不得不用声音来表达意思了。

起初，舌头和嗓子都不大听人使唤。一个声音和另外一个声音很难分清。许多个别的声音都混合在一起，变成呼喊声和刺耳的尖音。经过了很多时候，人才征服了自己的舌头，使它清楚地说话。

从前舌头只不过是帮助手。但是人学会了越来越清晰说话，舌头就越来越经常担当乐队里第一小提琴手的角色了。

那从前曾经是手语的老实的助手的声音语言，现在占据了第一把交椅。

在所有的手势之中，嘴里舌头的动作是最不显眼的。但是它有优点，就是可以听得见。起初的声音语言非常像手势语言。它也是一幅图画，也是明显地活生生地描绘出每一件东西、每一个动作。

在埃维人[1]的语言里不光简单地说："走"，而是说："走着着"——迈着很稳健的步子走；"走波霍波霍"——像胖子走路似的迈着沉重的步子走；"走步拉步拉"——急不择路，仓仓皇皇地走；"走劈丫劈丫"——迈小步子走；"走勾伏勾伏"——向前低着头，微跛着走。

每一个这样的词句都是一幅声音的图画，准确地描绘出了走路神态的最小的细节。这里有普通人稳健的步伐，有身材高的人的沉重的步伐，有那种挺直了腿走路的人的呆板的步伐。

有多少不同的步伐，就有多少不同的词句。

语言—图画代替了手势—图画。

人就是像这样学说话的，先用手势说话，后来也用语言说话。

在人用舌头说话比用手说话用得多的那个时代，就产生了"舌"这个词。

难怪俄语和别的几国语言里，"舌"这个词有两种意义——语言和言语的器官[2]。

---

[1] 埃维人是西非几内亚湾沿岸的居民，他们的语言属几内亚语族的克瓦语。

[2] 原文指俄语里的"язык"，这个词有舌头和语言两种意思。我国的"舌"字也有语言辩论的意思，如词汇里有"舌战""舌锋""舌人""舌耕""口舌"等，都把"舌"字转用来表示说话的意思。

河和它的源头

我们到古代去旅行的时候，发现了什么呢？

旅行的人在河里逆流而上的时候，发现河的源头，我们也就像这样，走到了那条人类经验的大河起源的小溪。

在那上游的地方，我们找到了人类社会的开端，找到了语言的开端，找到了思想的开端。

正像每一条向大河里送水去的支流都使大河里的水变得更满一样，人类经验的河也像这样变得越来越宽、越来越深，因为每一世代的人都把他们所集聚的全部经验送到这条经验的大河里去。

一代一代随逝去的时间而成为过去。人们和部落都无影无踪地消失了，城市和村庄也都化成灰烬了，没有遗留下来一点儿作为纪念的东西。似乎是没有一件可以在时间的毁坏力面前立得住脚的东西。但是人类的经验并没有消失，它战胜了时间，继续生存在语言里、劳动里和科学里。语言里的每一个词，劳动里的每一个动作，科学里的每一个概念——这都是历代人们所收集、聚合到一起的经验。

历代人们的劳动没有白费，正像无论哪一条支流都不会是对河无益的。那以前某个时候生存过的人们的劳动和现代生存着的人们的劳动，在人类经验的河里融合成一个整体。

我们在回顾从猿到人的千千万万年的漫长行列的时候，我们不能不想起弗里德里希·恩格斯的名言：劳动创造了人。

第六章

在被遗弃了的房子里

　　人们离开房子的时候，房子里总会留下一些被他们遗弃了的东西。在那些空洞洞的屋子里，地板上散落着碎纸屑、破碗片和旧罐头，一片狼藉。在那好久没有生过火的炉灶上，横七竖八地堆着些打碎了的陶罐和钵。一盏被遗忘掉的没有玻璃罩子的灯在窗台上悲哀地望着这一切荒凉的情景。一把从皮面底下露出一团红色乱发的老朽的安乐椅靠在墙边安稳地睡着。这把安乐椅之所以没有跟人们一起走，是因为它早已缺了一条腿了。

　　如果想根据这些被遗留下来的东西想象人们在这房子里面曾经怎样生活，是不太容易的。可是考古学家却正要跟这种难题打交道。考古学家总是最后一个到房子里去。而且如果他能够在原地找到房子，那还算不错。多半，他要等到房子的最后的主人离开房子千百年之后，才走进去。有的时候，他找不到房子了，只找得到一些倒塌了的墙壁和残余的屋基。在这种情形之下，每一片陶瓷都是新发现，每一块碎片都是成就了。

古旧的房屋能够讲多少事情给那些懂得它们的语言的人听啊！

这些穿着用石头制成的残破衣服的高塔，这些长满了荒草的墙壁，曾经看见过多少人和多少事啊！

而另外一种房子，世界上最古老的房子——洞穴，在它的时代里所看见过的事物还要多呢。

有些洞穴，在五千年、一万年前就有人在里面住过。

我们的运气好，山是很结实的，洞穴的墙壁也不像人造的建筑物的墙壁倒塌得那么快。

这就是一个这样的洞穴。它改换了许多次主人。最初在它里面当家的是地下水。洞穴里面的泥沙和砾石就是地下水带进去的。

后来水走了，人住进洞穴去了。在泥土里找到的粗制的燧石的尖状器说明了这件事情。原始人曾经用这种尖状器剖开野兽的躯体，把骨头从肉上剔出来，再劈开

骨头，从骨头里取出骨髓来。这就是说，到这里来的人已经是猎人了。

经过了许多年，人们离开了洞穴。新的住户来占据了它。洞穴的墙壁被磨得很光。这是洞熊用它的背在它自己住屋的石壁上蹭来蹭去，蹭成这个样子的。瞧，这就是它，或者说得准确些，是它的头盖骨，宽宽的额，窄窄的脸。

在上面一些的地层里，又有人类居住的遗迹：火堆的炭和灰烬，劈碎的骨头，石器和骨器。人们又重新住到洞穴里去了。我们看不见这些人，但是我们仍然可以讲出许多关于他们的事情来。这只消看一看他们所遗留下来的东西就够了。

在没有经验的眼睛看来，这不过是些

燧石的破片和碎渣，它们彼此很少有区别。但是如果仔细地把这些碎石片观察一下，就可以从它们推测出未来的锤子、未来的刀子、未来的锯子、未来的锥子。一件石器有刃口，第二件石器有尖端，第三件石器的边缘上有锯齿。

瞧，它们就是我们的工具的祖先。它们之中最老的一个是锤子的祖先：一块圆的石头砸击器。人们曾经用这种砸击器从燧石上敲下用来做石头工具的石片。

那有锤子的地方，就一定也有砧。

如果我们在洞底的石屑堆里好好地翻掘一会儿，我们就会在离锤子不远的地方找到砧。

锤子是用石头做的。

砧是用骨头做的。

这个砧跟我们现在的砧很不相像。但是只消仔细地把它观察一番，就可以看出来，它确实曾经忠实地为人类服务过。它浑身都被打坏了、砸伤了。显而易见，人用锤子敲击石器把它变成人所需要的形状的时候，砧受到的罪也着实不小。

那么这些工具向我们说明了什么呢？

它们说，洞穴的新主人比最早的住户要进步得多了。在那逝去的几千年间，人类的劳动变得比从前复杂，方式也繁多了。

从前，人用同一种尖石头干所有各种不同的活。现在却用这种工具来切，用另一种工具来刺，用第三种工具来刮，用第四种工具来砍了。有尖端的石器是锥子，人在缝衣服的时候，用它在兽皮上钻孔。有锯齿形的刃口的石器是刮削器，人用它刮兽皮、切兽肉；有尖端的矛头是装在猎矛上的。

显而易见，人干的活和关心的事情都增多了。严酷的时期来到了。天气变得很冷。人既要用熊皮做衣服，还要贮藏兽肉过冬，还要安排暖和的住所。做这许多事，一种工具是不够用的，需要一整套工具才成。

这样在我们自己祖先的住所里，我们找到了我们所使用的器具的祖先。

但是我们只找到了时间所保留下来的那些东西。而时间是一个很不好的保管者，

它只替我们保存了那些最坚固、最耐久的东西——用石头和骨头做的东西。所有那些用木头或者用兽皮做的东西全都没有了，所以我们只找到石锥而没有找到用这支石锥缝成的衣服；只找到燧石的矛头而没有看见缚着这个矛头的木头矛杆。

我们只好从遗留下来的东西来推测那些丢失了的东西：用隐约可见的痕迹和碎片重新造出那些已经在我们出世以前千万年间烂掉了的东西。

我们再继续搜寻吧。

一般发掘古物的时候，总是从上向下挖：先掘开最上面的地层，然后越掘越深，一直掘到地下深处和历史深处。考古学家就像是倒读一本书：从最末一章看起，看到头一章。

我们却不是像这样来讲我们的故事。我们从最下面的地层、从洞穴历史的第一章讲起。现在我们越升越高，快接近我们的时代了。

往后，洞穴里又发生了什么事情呢？

我们研究了地层之后看出来，人们屡次离开洞穴，又屡次回到洞穴。在洞穴里没有人住的时候，熊和鬣狗就在那里面当家，洞里积满了泥土和灰尘。更有碎石从洞顶上崩落下来。过了许多年，人们又重新发现了这个洞穴，他们已经找不到一点儿东西能够向他们说明有关从前的主人的事情了。

一年一年、一世纪一世纪、一千年一千年地逝去了。人们在露天给自己造起了房子，不再利用自然给他们的安身之处了。洞穴空了。

只是偶然有那在翠绿的山坡上放牧的牧童进去待一会儿，或者在山里遇到坏天气的旅人进去躲一会儿。

终于洞穴历史的最后一章开始了。人们又到洞穴里来了。但是他们不是来住在里面的，而是来了解从前的人曾经在洞穴怎样生活的。

他们带了现代最新式的铁制工具，来发掘古代的石头工具。

这些考古学家把地层一层一层地掘开，从头到尾阅读了洞穴的全部历史。

他们比较着工具，考察人类的技术和经验怎样一代一代地成长起来。他们看到，人的工具在几千年中并不是始终一样的，而是在改变着，越制越好。粗制的砍砸器改换成用薄石片制的矛头、刮削器、钻子和锥子。石制的工具之外更有了用新的材料——骨头和兽角制成的工具。在用来加工石块的锤子旁边，出现了许多用来加工

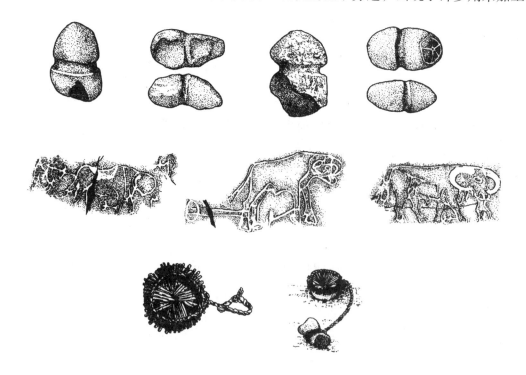

骨头、兽皮、木头的工具。人用同样的石头制成了切削器，用来切削骨头；制成了刮削器，用来刮兽皮；制成了钻子，用来钻木头。

人的人造指甲和牙齿做得越来越尖锐，样式也越来越多了，人用来攫取猎物的手也越做越长了。

长　手

人把一个燧石矛头绑在木棍上，做成一支猎矛的时候，他接长了自己的手。

因此他变得比从前勇敢一些，有力一些了。

从前，人遇见熊的时候，他吓得后退，不想和这个毛茸茸的住在洞穴里的家伙打交道。人可以毫不费力地征服随便什么小野兽，但是单身跟熊搏斗，他却没有这个决心。他很清楚，在熊的尖爪之下是难以逃命的。

在人把猎矛拿在手里之前，一直是这样。猎矛给了他胆量。现在瞧见熊的时候，他不再逃跑了，而是相反，他向熊进攻。熊挺直了它那庞大的身子向猎人扑来，但是在熊的脚爪碰到人之前，一支尖锐的燧石矛头已经有力地刺入它毛茸茸的肚皮了。猎矛比熊的脚长。

受了伤的熊疯狂地"自寻苦恼"跟猎矛纠缠，而这样只有使燧石矛头更深地戳进它的身体里去。

假使这时候猎人手里的猎矛的木杆折断的话，那他就倒霉了。

熊就要把人踩在自己的脚下，用尖爪和利齿乱抓乱咬他的脸和肩膀。

但是熊很不容易战胜人。因为那个时候，人一向不是一个人外出打猎的。同行的人们一听到呼救的声音，都会奔过去帮忙。人们从四面八方向熊冲过去，用石刀砍击过去，去结果它的性命。

猎矛给了人他从前所得不到也没有想得到的猎获物。直到如今，还可以在洞穴里找到用石板搭成的库房，在这些库房里扔着大堆的熊的骨头。既然人们能够储藏

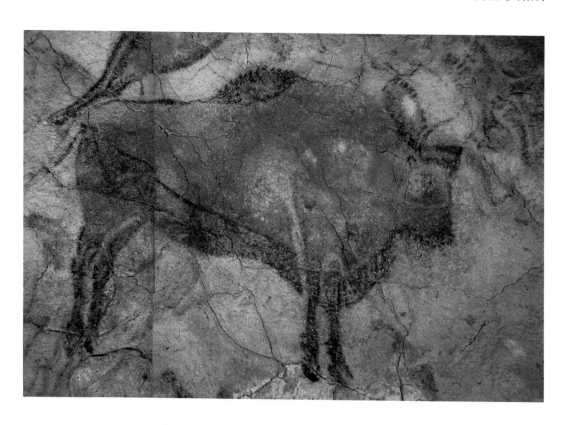

熊肉做存粮，可知那时的打猎进行得相当顺利。

假使人永远跟熊这样的蠢家伙打交道，猎矛可以说就是很好的了。但是他还必须猎取别的、比较灵巧敏捷的野兽呢。

猎人们在草原上徘徊的时候，他们常常遇到野马群和野牛群。猎人们偷偷地向兽群爬过去。但是只要有一点点窸窣声，兽群立即就拔腿向远方飞跑了。

为了猎取野马或野牛，人的手还嫌太短。

而打猎本身给予人一种新的、坚固的材料：骨头。

人用石制的切削器把骨头削成又轻又尖锐的矛头。

他把这个矛头绑在短木棍上，制成了一种新的武器——投矛。

人不能把沉重的猎矛向奔跑的马投去，有轻巧的骨制矛头的投矛就可以投掷过去——投掷得很远很远。

人的手变得更长了。在马来得及逃走之前，人的会飞的武器——投矛——已经追上了马。

不过，投中一个移动的目标是不太容易的。要做到这一点，必须有有力的手和准确的眼光。

猎人从小就学习投掷投矛。尽管这样，打猎的时候，几百支投矛中往往仍旧只有十来支能投中标的。

几百年、几千年又逝去了。野马群和野牛群变得稀少了，它们被人打死了不少。猎人们越来越经常空着手回到家里。必须发明一种可以投掷得更远的武器，必须把手接得更长一些。

于是人又创造了一种新的武器。

他砍下一根有弹性的细树干，把它弯成弧形，用一根弦把两头拉紧。

猎人有了弓了。

猎人慢慢地拉开弓弦的时候，弓弦收集了贮蓄了他收缩肌肉的能量。

然后，当猎人把弓弦一放的时候，弓弦立刻把收集来的能量都交给箭。箭挣脱出来，获得了自由，就像鹞鹰攫取食物似的，一直向前飞过去。

箭比用手抛掷出去的投矛飞得远得多。

箭和投矛跟兄妹一样，彼此很相像。但是妹妹比哥哥年轻几千岁。

人花费了几千年的工夫，才造出箭来。

起初从弓射出去的不是箭，而还是那种投矛。因此，那个时候的弓不得不做得像人那么高。

人就像这样把自己的短而无力的手变成长而有力的手了。

他用鹿角或猛犸的牙制成锐利的矛头，用野兽的武器——它们的角和牙齿——去对付它们自己。

那投掷投矛和拉弓弦的手已经不是平常的手，而是巨人的手了。

少年巨人出去打猎的时候，他追捕的不仅是一只野兽，而是整群野兽了。

活的瀑布

在法国，一个叫作梭鲁特的地方，有一处很险峻的岩石高地。

考古学家在这个高地的脚下掘了很大的一堆骨头。这里面有猛犸的肩胛骨，有原始的公牛的角，有洞熊的头盖骨。但是这里最多的还是马的骨头。很多地方它们堆成比人还高的一大堆。科学家把这些混杂的骨头分拣开之后，他们计算出来，这里至少有十万匹马的遗骸。

怎么会形成这么大的一座马的坟墓呢？

科学家仔细观察之后，发现有许多骨头是敲碎过的，烧焦过的。显而易见，这些骨头是在经过原始厨子的调制以后才抛到这里来的。经过检验，原来所谓马的坟墓并不是马的坟墓，而是一大堆厨房垃圾。

这样一大堆垃圾决不是短时间里积得起来的。这就是说，人们在这个地方一连住了许多年。

但是为什么垃圾被丢在这险峻的山崖下呢？原始猎人把营帐设在这里而不设在草原上的平坦地方，是偶然的吗？

事情可能是这样发生的。

猎人发现草原上有一大群马，他们小心地躲在茂密的草丛里，向马群偷袭过去。

每个猎人手里都握着几支投矛。带头的猎人用记号指示，马在哪里，一共多少匹，它们在向哪个方向走。

一圈猎人一步紧一步地把马群包围起来。

马群刚才还只像是草原上的一些小黑点，现在已经可以清清楚楚地看见了。它们有很大的头，细细的腿，身上披着粗糙的长毛。

马惊觉了。它们感觉到了有敌人，就准备逃跑。但是已经晚了，大批的投矛向它们飞了过去，就像是一大群长着长喙的没有翅膀的鸟。

投矛刺进了马的肋部，刺进了脊背和脖颈。向哪里逃呢？敌人从三方面包围住了马群。这个突然间长出来的活的墙壁只有一个出口，一个门户。马群粗野地嘶叫着逃避猎人们，蹄子乱踏着向出口冲去。猎人们正要它们这样做。他们把马群撵向一个方向——越来越高，引到一道断崖。吓疯了的马瞧不见前面的东西，只是一味地狂奔。周围都是扬起了尾巴的汗湿了的马背。马群像一股活的洪流一样冲过去。这股洪流向高处冲去，突然，前面是断崖。跑在前面的马已经到了断崖的边上。它们发觉了危险。它们狂嘶着，用后腿直立起来。但是停不住了：别的马从后面在向它们挤过来，把它们推向前去。

于是活的洪流就像一片瀑布似的从高处落下去，在下面堆起了一大堆血肉模糊的尸体。

围猎完成了。

断崖的脚下生起了一堆堆的篝火。老人们在营帐里分配着猎获物。最勇敢、最灵巧的猎人领到了最好的肉。

新的人

我们看表上的针，针似乎不在动。但是过了一会儿，我们就发现针确实挪过地方了。

人生也是这样的。我们往往感觉不到我们的周围和我们本身发生着的变化。我们感觉到历史的时针似乎也是不动的。只是过了几年之后，我们才突然发觉，历史的时针挪地方了，我们自己改变了，周围的一切也和以前不同了。

如果说我们现代人都不是总能够看得出新的情景，那么我们生活在几万年前的祖先就更没有看出新的情景的能力了。

我们有日记，有照片，有报纸，有书籍，可以用来比较新的和旧的。我们有用来做比较的材料，而我们的祖先却没有用来做比较的东西。在他们看来，生活似乎是不动的、不变的。

每一个制造石头工具的工匠，总是设法极精确地重复他师父的各种动作和手法。

女人们安排住所的时候，总把火塘安排得跟她们的祖母安排的一模一样。

猎人们也按照习惯所流传下来的规则追赶野兽。

尽管这样，人们还是不知不觉地改变了自己的工具、自己的住屋和自己的劳动。

每一种新的工具在最初的时候还和旧的工具很相像。头一支投矛的样子和猎矛

很少有分别，头一支箭的样子和投矛还是很相像。但是箭和投矛到底已经是不同的东西了。用弓箭打猎和用投矛打猎，情形已经完全不一样了。

不仅是人的工具在改变着，他本身也在改变。这可以从发掘出来的骨架看出来。假使把走进洞穴的人和冰川时期末期走出洞穴的人互相比较一下，可以认为这是两种不同的生物。走进洞穴里去的尼安德特人有一个佝偻的背，走路很笨拙，他的脸部几乎没有前额和下巴。而从洞穴里走出来的身材高大、体格匀称的克罗马农人，外表上跟我们已经很少不同了。头一个克罗马农人的骨架是在法国——在克罗马农洞穴里找到的。这个洞穴里的古代居民就用洞穴的名字命名了。

克罗马农人和尼安德特人之间的差别有这么大，使得某些考古学家认为他们实际上是两种不同的生物。他们判断克罗马农人是优等人种，而尼安德特人是劣等人种。尼安德特人很早就住在欧洲，后来克罗马农人不知从什么地方搬了来，就把古代居民排挤掉，消灭掉了。

你瞧，这些考古学家竟想出了什么样的理论啊。

像这样判断的话，那么同样也可以说，大学生和中学生也是两种人了——一种是优等人种，一种是劣等人种。

甚至于还可以编出一大套理论来说明，大学生怎样每年袭击中学生，排挤掉中学生。事实上，每年春天真有很多中学生从中学里消失了。大学的讲堂上却不知从哪里来了很多大学一年级的学生。

优等人种理论的卫护者也可以从这里得出这样一个结论：大学生是优等人种，每年他们都不知从哪儿出现，来消灭和驱逐劣等人种——中学生。

大概不可能使这个理论的信奉者懂得，大学生就是从前的中学生，就正像克罗马农人就是从前的尼安德特人一样。

房子的历史第一章

随着人的生活的变化，他的住处也在改变着。如果我们想写房子的历史，我们

就得从洞穴写起。这是大自然所造成的房子，人并没有建造它，只是寻找它。

但是大自然是个很不高明的建筑家。它耸立起山岳、在山里造出洞穴的时候，完全没有顾到谁以后住在洞穴里是否舒服。因此，人们为自己寻找洞穴的时候，很难找到一个正好是他们所需要的。有时候房子里面的屋顶太低了，有时候墙壁有倒塌的危险，有时候门太小了，小得甚至于用四脚爬进去都困难。

为了把房子收拾好，整个部落的人都干了起来。他们用石头刮削器和木头棍棒把洞穴里边的地面和墙壁削平、填平。

他们在离洞口不远的地方掘一个坑做火塘，用石头把它砌好。母亲们关心地为她们的小娃娃预备"床铺"。为了做成床铺，她们在地上挖一个小坑，可是坑里垫的不是羽毛褥子，而是从火塘里拿来的温暖的灰烬。

他们在某一个角落里安排了存放各种东西的仓库。

人们就像这样改造大自然所建造的洞穴，用自己的劳动把它改变成人的住所。

越往后去，他们在安排自己住所上所花费的心力也越多。

他们找到了凸出的山岩——天然的岩石屋顶，就给它配上墙壁。他们找到墙壁，就给它配上屋顶。如果这也没有那也没有的话，他们就掘一个很深的土窑，把树枝和兽皮当作屋顶盖在上面。

144

在法国南部的山里保存着原始人的一所屋子。当地的居民给这所屋子起了个很奇怪的名称："鬼火塘"。他们觉得只有鬼才会在这个用巨石堆成的巢穴里烤火。假使他们清楚了自己祖先的历史，他们就会明白，"鬼火塘"不是鬼造的，而是人的手造的。

从前，原始的猎人在这里的悬崖下面找到了从山坡上滚下来的石头所堆成的两堵墙。他们就给这两堵现成的墙又配了两堵墙。一堵是用大块石板堆成的，另一堵是用木柱编上树枝和覆上兽皮造成的。后一堵墙，我们只能猜想，因为时间已经把它毁坏了。

墙壁环绕着小土房子——一个宽大的坑，坑底上遗留着燧石的碎片、骨头和兽角制成的工具。

"鬼火塘"是一半房子、一半洞穴。从这个到真正的房子已经不远。

人能够造出两堵墙之后，要他造出四堵墙也不难了。

于是我们找到了露天下面的最早的房子。

这种房子与其说像我们现在的房子，倒不如说它像野兽的洞窟更加恰当。

人们在地上掘一个很深很宽的地窖。为了防止墙壁倒塌，他们用石头或猛犸的巨大骨头把它加固，为了防风防雪，他们将木杆用树枝编起来，上面涂满了泥，做

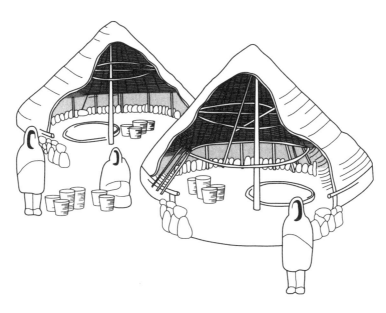

成拱顶，盖在住所上面。

这个房子真是奇怪得很：从外面看上去，只看得见一个像小圆土丘似的屋顶。

进屋子要从"烟囱"里进去，因为唯一的门户是屋顶上用来出烟的那个洞。

代替板凳的是放在土墙旁边的猛犸的颌骨。当作床用的仍旧是土地妈妈：人们睡在踩结实了的、一个四角方方的小场地上，把头放在泥土的枕头上。

在这个拥有骨头凳子和土床的房子里，桌子是石头做的。

在最亮的地方，在火塘旁边，他们用平的石板搭成一张工作"台"。直到如今还可以在这种古代的工作台上找到工具、材料的碎片和未完成的制作品。瞧，这是散在台上的骨头珠子。有些珠子已经完全做好、磨光并穿好了孔，有的还没有完成。工匠在一根骨头棒上刻了许多口子，但是还没来得及把它切成一个一个的珠子。不知道是什么事情妨碍了工作，逼着人们离开了住屋。看得出来，那时的危险非常之大，要不然他们决不会扔下这些做得相当精巧的猎矛头、有针孔的骨针和具有各种不同用途的石刀的。

制成这些东西不是很容易的。在每一样东西上都花费了很多时间的劳动。比如说骨针——这是人类历史上的第一根针。这似乎是件小东西，但是制造它却要有很好的技艺。

曾经在一个狩猎宿营地里找到制造骨针的整个工场，里面设备齐全，还有原料，

有未完成的制作品。所有的东西都很完整地保存下来了。假使谁需要骨针的话，简直明天就可以恢复生产。不过现在，我们未必能够找到会制造骨针和用骨针缝衣服的工匠。

那个时候，人们像这样制造针。他们先用刀把兔骨切成小棒，再用带锯齿的石片把这个小棒磨尖之后用石头钻子穿一个针眼。最后，把针在石板上磨光。

你瞧，制造一根针需要用多少种工具和多少劳动啊！

从前很难得有这种会制造针的、好手艺的工匠。骨针是当时最珍贵的东西中的一种。

让我们再看一看原始猎人的营帐吧。

瞧，在铺着雪的草原上有几座小丘，从小丘里冒着烟。我们头上戴着隐身帽，于是谁也看不见我们了。我们走到一座小丘跟前，不管那刺眼睛的烟，从屋顶的洞

口爬进去。这地下室里一屋子的烟，又黑暗又嘈杂，里面至少有十个大人和更多的小孩。

等到我们的眼睛习惯了烟，我们能够比较清楚地辨认人们的脸了。这些人已经没有一点儿像猿的地方了。他们身材高大，体格匀称，结实有力。他们的颧骨宽大，两眼相距很近。他们黝黑的身体上画着花纹，涂着红颜色。

女人们坐在地上，她们在用骨针缝制兽皮衣服。孩子们因为没有别的玩具，在玩着马脚骨和鹿角。火塘旁边用石板搭成的工作凳上，盘腿坐着一个工匠。他在猎矛的木杆上安装骨制的矛头。他身旁还有一个工匠，正用石刀向骨片上雕刻图画。

让我们走过去看看，他究竟在画着什么，或者更正确地说，在刻着什么。

他用不多的几条纤细的笔道在骨片上刻出正在放牧中的马。

他以惊人的艺术和耐性描绘出匀称的腿，伸出的有短鬃的颈项和巨大的头。马看上去真是栩栩如生：简直好像它立刻就要迈步了。这位画家仿佛能看见马立在他的面前——他那样精确地描绘出了马腿的动作和马头的姿势。

画已经画好了，可是这位画家还是不停地继续工作。他用歪斜的笔道在马身上涂画着，第二笔、第三笔。骨片上的马身上出现了一个很奇怪的图案。他——这个原始工匠究竟是在做什么呢？他为什么要把这幅连现代的画家看了都要羡慕的画

毁掉呢？图案越来越复杂了。最后我们万分惊奇地看见，在马的身体上又添上了一座小房子的图画。工匠在第一座小房子的旁边又画了两座小房子——整个的一片营帐。

这奇怪的图画是什么意思呢？

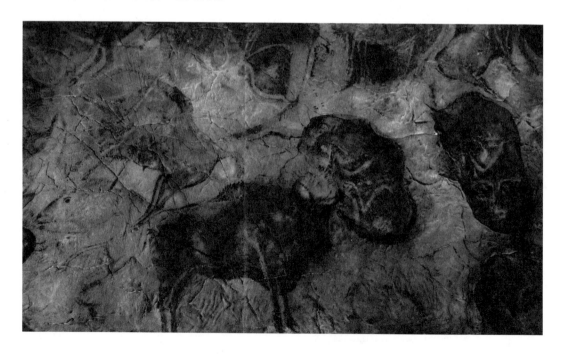

也许这是画家偶然的怪想吧？

不是的，我们可以在原始人的洞穴里找到一大批这种奇怪的图画。

瞧，这是猛犸，它的身上画着两座小房子；瞧，这是野牛，它的身上画着三座小房子。这是一个完整的场面。中间画着已经被吃掉一半的野牛身子，只剩下了头、脊椎和腿。一个有钩鼻子和大胡子的头横陈在两条前腿之间。旁边站着两排人。

这种描绘着动物、人和住屋的谜似的图画，有许多在骨片上、石板上和岩石上保存了下来。尤其是在洞穴的墙壁上，这样的图画最多。

我们在发掘洞穴的时候，我们没有看到那里的墙壁上有画。

可是我们只不过进了洞口，人们在那里吃饭、睡觉和干活。

让我们再向洞里走进去，仔细看一看洞里所有的角落和岔路，深入到长达几十和几百米的石缝隙里去。

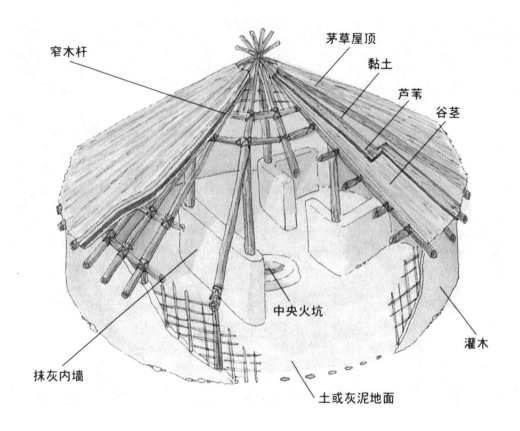

茅草屋顶

黏土

芦苇

谷茎

窄木杆

中央火坑

灌木

抹灰内墙

土或灰泥地面

地下的画廊

我们带了灯走进洞穴里去,沿途我们将记住每一个拐弯和每一个十字路口。在地下的迷宫里是很容易迷路的。

岩石的走廊越进越狭窄了。头顶上有水滴下来。我们高举着灯,在灯光下仔细地瞧看墙壁。

地下的流水把洞穴点缀得像水晶宫似的。但是人的手并没有在这里加过工。

我们再向前走。突然有一个人欢呼道:

你们看啊!

墙上用黑和红的颜色画着一头野牛。它曲着前腿跌倒了。有许多支投矛刺在它

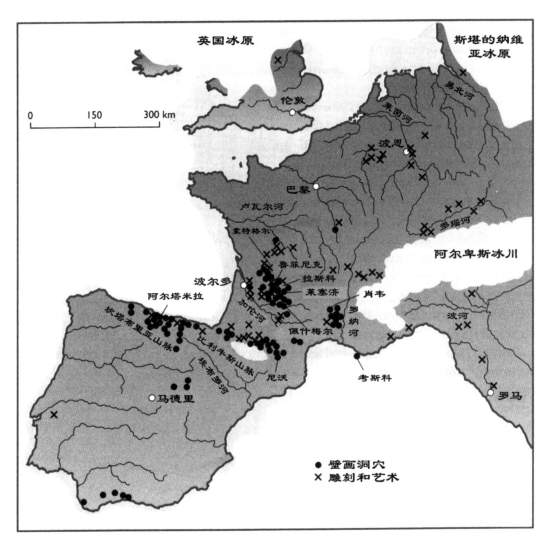

隆起的背上。

　　我们在那里站了许久，瞧看那几万年前在这里工作过的画家的作品。

再向前走了没多少路，我们又发现了一幅画。墙上画着一个正在跳舞的怪物，既不是像野兽的人，也不是像人的野兽。这个怪物有一大把胡子和两只弯弯长长的角，背是驼的，还有一根毛茸茸的尾巴。它的手和脚都跟人的一样，它的手里握着一把弓。

我们再仔细看了一看，就看了出来，这是一个披着野牛皮的人。

这幅画之后，又有第二幅、第三幅、第四幅……

这是一种什么奇怪的画廊呢？

在我们的时代，画家们全在明亮的画室里工作。在美术馆里，我们也总是把画挂在光线好的地方。

究竟是什么东西迫使原始人在离人的眼睛这么远的、黑暗的地下室里举行图画展览会呢？

显然他画画儿并不是为了给别人看的。

但是既然不想给别人看，那么原始画家又为什么要画它们呢？这些我们所不了解的、戴着野兽的面具跳舞的人究竟是什么意思呢？

谜和解答

几个猎人一同参加跳舞。他们每人头上都套着从野牛头上剥下来的皮，或者套上装着两只角的野牛面具。每一个土人手里都握着一把弓或一支矛。舞蹈是表演围猎野牛。其中有一个土人疲倦了的时候，他就假装跌倒。那时候，另外一个土人就把钝头的箭射在他的身上。"野牛"受伤了。大家抓着他的两条腿把他从圈子里拖出来，用刀朝着他挥舞。然后把他放了，立刻就有另外一个也戴着野牛面具的土人走进圈子里去代替他。有时候，这种舞蹈要一分钟也不停地连续跳两三个星期。

亲眼看见过的人这样描写着原始猎人的舞蹈。

但是他能在什么地方亲眼看见啊？

他是在北美洲的草原上看到的，那里直到如今，在印第安人的某些部落里还保留着古代猎人的风俗习惯。

我们在现代旅行家的笔记里边意外地找到了对这种猎人舞的描写，这种猎人舞就是原始画家描绘在山洞里的墙壁上的。

我们猜出了我们所不明白的那幅图画的意思了。但是在这个解答里还有新的谜。

这个一连跳几个星期的怪舞究竟是什么意思呢？

我们不能认为，印第安人一连跳三个星期，跳到筋疲力尽，只是为了爱好艺术或是为了娱乐。而且他们的跳舞与其说是跳舞，不如说像一种仪式。

在我们的时代，舞蹈是由舞蹈师担任指挥的。印第安人的舞蹈却由巫师担任指挥。巫师把他的烟管向哪一个方向喷烟，跳舞的人就向哪一方向跳，追逐着想象中

的野兽。巫师用烟指挥着，使跳舞的人一会儿向北跳，一会儿向东跳，一会儿向南跳，一会儿向西跳。

既然指挥跳舞的是巫师，那么这就不是舞蹈，而是巫术、魔法的仪式了。

印第安人想用奇怪的动作迷惑住野牛，用神秘的魔力把它们从大草原上召唤过来。

洞穴里的墙壁上所描绘的跳舞的人原来就是这个意思！这不仅仅是个跳舞的人，而是执行巫术仪式的人。那位悄悄地走进地下室靠火炬的光画画的人不仅是个画家，而且是个巫师。

他描绘戴着野兽面具的猎人和受了伤的野牛，是在施法术，想使打猎成功。

他坚信舞蹈对事情会有帮助。

这在我们看来是奇怪的，而且是没有意义的。

我们着手建造房子之前，并不会模仿石匠和木匠的动作跳舞。假使学校里的老师在上课之前突然手拿教鞭跳起舞来，我们一定会把他送进疯人院去。但是我们认为荒唐无稽的事情，我们的祖先却认为是严肃的事情。

我们已经猜出了谜似的图画中的一幅，我们明白了，为什么原始人要在洞穴里的墙壁上画一个跳舞的人。

但是我们还瞧见过别的难解的图画，你记得吧，我们在洞穴里找到过用刀刻在骨片上的那个故事。骨片的当中画着一头野牛的躯体，周围是一圈猎人，野牛剩下

来没有吃的只有头和前腿了。

这幅画是什么意思呢？

这一次，不是到美国去找解答了，而是要到俄罗斯的极北地区去找。

在极北地区，在西伯利亚，老人们还能记得，从前猎人们打死了熊的时候，就要举行"熊祭"。他们把熊抬回家去，隆重地放在敬神的地方。把熊头放在熊掌之间，头的前面放几尊用面包或者桦树皮做的鹿的像。这是供奉给熊的东西。他们还把桦树枝叶做的圈装饰在熊的脸上，把银币放在熊的眼睛上。然后猎人们走到野兽的跟前去，吻它的脸。

这仅仅是祭礼的开端，祭礼要延续好几天，或者说得更准确些，要延续好几夜。每天夜里，人们都聚集在熊的遗骸旁边唱歌、跳舞。猎人们戴了桦树皮或木头做的面具，走到熊跟前去，向它深深地鞠躬，然后开始跳舞，模仿熊笨拙的步伐。

唱完了歌、跳完了舞之后，就要吃了：吃了熊肉，只留下熊头和前腿不动。

现在我们明白骨片上图画的意思了，这是"野牛祭"。围绕着野牛的人们在向野牛道谢，因为野牛把自己的肉给他们吃，并且要求它下次还是那么慷慨。

假使我们再回到印第安人那儿去的话，我们在他们那儿可以找到同样的猎人的祭礼。

印第安高卓族[1]的猎人把打死的鹿放下来的时候，使它的后腿朝东。在它的嘴前面供一只碗，碗里盛着各种各样的食物。猎人们轮流走到死鹿跟前去，用右手抚摸它，从嘴一直摸到尾巴，向它道谢，它允许人们打死它。

"安息吧，大哥哥！"他们这时候这样说。

巫师也向野兽致辞说：

你送给了我们你的角，因此我们感谢你。

---

[1] 高卓人住在南美洲的阿根廷、乌拉圭、巴拉圭、巴西等地。

第七章

"那里有精灵，那里有森林之魔在徘徊……"

我们在童年时代都看过关于王子伊凡、关于美人瓦希丽莎、关于羽毛发光的神鸟、关于驼背小马、关于能够随意变成鸟兽的人的童话。

假使相信童话的话，那全世界都住着神秘的生物——善的和恶的，有形的和无形的。活在这个世界上，必须随时提防着，不要招惹神秘的魔法师和狠毒的女巫。

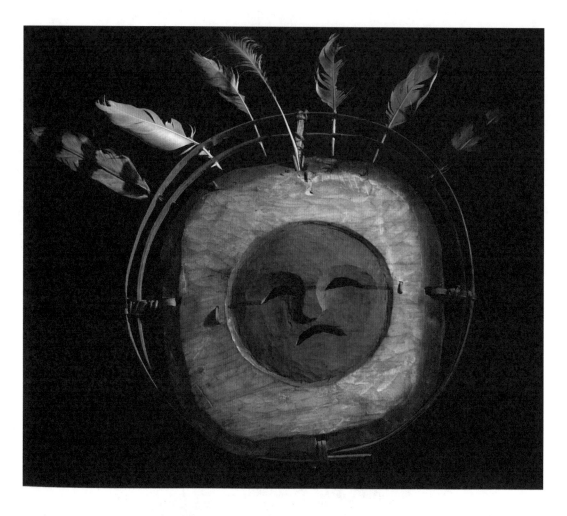

在这里是没法相信自己的眼睛的：一只丑得不像样儿的癞蛤蟆会一转眼变成美人儿，而善良的少年却变成可怕的毒蛇。这里的一切都按照着它特殊的规律进行着：死了的能够复活，砍下来的头能说话，落水鬼会把渔夫引诱到水里去。

你记得普希金的诗吧：

> 那里有精灵，那里有森林之魔在徘徊，
>
> 树枝上坐着人鱼女妖……

我们读这些童话的时候，似乎完全相信一切都是真的。但是我们把书一合起来，我们又立刻回到现实的世界里来了，这里既没有魔法师，也没有女巫，这里什么都可以证实，什么都可以解释明白。无论童话是怎样引人入胜，我们都未必会愿意住到那个童话世界里去，在那里智慧是没有力量的，在那里必须一生下来就是个跟王子伊凡一样的幸运儿，免得一碰到精怪或女巫就要死掉。

然而我们的祖先却以为世界正是这样的。他们不能分辨童话世界和现实世界。在他们看来，一切事情都是按照统治世界的那个神奇的力量的善意或者恶意在进行的。

我们在一块石头上绊倒了，我们认为，这是我们自己太不小心。

原始人跌倒的时候，却并不认为是自己的过错，而要去怪那个把石头放在路当中的魔鬼。

一个人被人用短剑刺死了，我们会说："他被人用短剑刺死了。"

原始人却说："他死了，因为用来刺他的那把短剑是施过妖术的。"

当然，现在有些人也还是迷信，认为"邪恶的眼睛"会使人生病，认为在星期一那天最好不要开始做什么事情，认为在路上穿过的兔子要带来不幸。

我们笑这种人。在我们的时代是不容许迷信的，因为只有在没有知识的地方才会有人信仰那种神异的力量，这种信仰像蜘蛛网一样，结在黑暗的角落里。

但是我们不要责备我们的祖先，怪他们相信巫师和灵魂。他们曾经诚心诚意地想去说明周围所发生的一切事情。可是他们知道得太少了，以致找不到正确的说明。

在许多没有接触到现代文化的部落，直到如今还是处在这种情形之下。

关于传教士、羊和维多利亚女王照片的故事

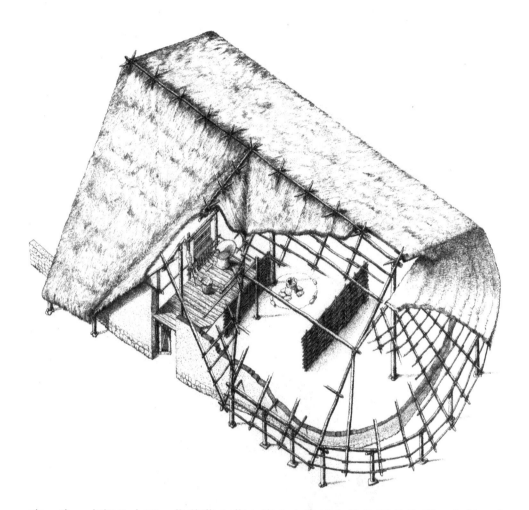

　　有一次，在新几内亚，住着莫土莫土族土人的地方发生了传染病。人们一个又一个地病死了。每一座小茅屋里都有人在呻吟和哭泣。恐怖笼罩了整个部落。

　　怎么会发生这样可怕的疾病呢？

　　莫土莫土族的人们在仔细研究灾难起因的时候，想起了这病是在白人——传教士和他的家属搬来之后才出现的。从前没有白人的时候，从没有过这种病。白人来了，病也来了。

　　大家都认为这个想法很正确。于是土人就拿着长矛和回力镖，成群结队地走到传教士的家去。他们把房子包围起来，喊道：

　　打死白人！正是他们对我们施了妖法，使我们生病的！

　　门口出现了那个脸色苍白受惊的传教士。

　　"亲爱的兄弟姊妹们，……"他开始说。

　　但是他的声音被粗野的号叫声盖没了。他费了九牛二虎之力才迫使土人们听他的话。这个可怜的传教士口才从来没有那么好过，他向人们发表的那篇演说，姿态的动人和道理的可信，真胜过了他以前所做过的一切说教。这一回不是为了拯救别人的灵魂，而是为了救他自己的性命啊。

　　喊叫声静下来了。土人们开始听他说话。时间总算是赢得了，但是形势还是非常紧张。

　　传教士的运气还算好，这时候，突然在栅栏的背后出现了一只绵羊。在静寂中，土人们的头脑又开始活动了。

　　绵羊是跟白人传教士和疾病同时出现的。

　　疾病大概是绵羊的过错吧？

　　有一个人高声喊道：

　　打绵羊啊！这是它的过错！

　　绵羊的命运算是定了。百十只手开始去拆除栅栏。传教士默默地瞧着这个裁判，他没有出来为自己的绵羊辩护。群众用长矛把这只可怜的动物打死之后，欢呼着，凯旋而去了。

　　过了几天，虽然犯了过错的绵羊已经被处以极刑，但传染病还是没有停止。土人们又重新开始搜寻灾难的祸首。他们想起来了，传教士除了绵羊之外，还带来了两只山羊。

　　土人们又把传教士的房子包围起来，逼着他把有胡子的凶手交出来。但是这一回，传教士决定不再让步了：土人们今天要山羊，明天要牛，谁知道以后还会要些什么东西。

　　传教士干脆地拒绝了把山羊交给土人。他担保，山羊一点儿过错也没有。

　　那么究竟是谁的过错呢？

　　无论什么事情都不会没有原因的。

人群向传教士的窗子里望进去，突然发现饭厅的墙上挂着一张照片。照片上面是一个穿着华丽的露肩衣服的女人。她的胸前缀着星，发髻的上面戴着一顶小小的王冠。这是当时统治英国的维多利亚女王的照片。

这种照片印得有几千几万份，装饰着伦敦所有酒馆和小铺子的墙壁。但是在这里，在莫土莫土族的领域里，女王的照片却是非常稀奇的东西。

照片吸引了土人们的视线。现在他们才恍然大悟：原来疾病的祸首是照片！就是这张照片把这样可怕的不幸降在莫土莫土族人头上的。

土人们又喧哗了起来。他们挥舞着长矛，向房子冲去。

我们不知道这事情是怎么结束的。也许土人们毁掉了英国女王的照片之后，就觉得满意了。也许他们又迁怒到别的他们从前没有看见过的东西上：传教士的睡鞋，印着玫瑰花的瓷咖啡壶，或者是很可疑地挂在墙上把钟摆摆来摆去的钟。

我们也无须详细地研究这件事情。我们讲这个真实的事件，只是为了要表明，那些不懂自然界规律的人们是怎样只凭着感觉去胡乱猜测使他们惊奇的事件的原因。

经验告诉人们，世界上的一切东西都是互相联系的。

但是那些不知道这种联系究竟是怎么一回事儿的人们，就开始相信一种东西对别种东西有魔法的作用了。

有一位到非洲去旅行的人说："罗安戈沿海的居民一看见带有新船具的帆船，或者烟囱比别的轮船多的轮船，就要惊扰起来。雨衣、奇怪的帽子、摇椅或者任何没有瞧见过的器具都可能引起土人们最坏的猜疑。"

这就是说，土人们觉得随便什么不常见的东西都是施妖术的工具。

为了避免中妖术，避免"邪恶的眼睛"，就得戴上护身符——用鳄鱼牙做的项圈，或是大象尾巴尖上的毛做的手镯。护身符能保护所有佩戴它的人不受到灾难。

原始人懂得的关于世界的知识不比罗安戈的土人懂得的多。

大概他们也是同样地相信妖法、魔法和巫术。

在发掘古物的时候找到的护身符就说明了这一点，洞穴深处的巫术图画也说明了这一点。

我们祖先想象中的世界

不了解世界运行规律的古代人，在世间生活真不容易。他们在不可知的神秘力量的威胁之下，觉得自己弱小无助。他们认为，每一件东西都可能是护身符，每一

个人都可能是巫师。他以为到处都有不安静的死者灵魂在徘徊着，它们要袭击活人。在打猎的时候打死的每一只野兽都可能来找杀它的人报仇。为了避免灾难，一定要时时刻刻地祈求、祷告，劝说幽灵，供奉幽灵，想尽方法慰藉幽灵。

无知引起恐惧。

由于那时候的人没有知识，他活在世间不像个主人，而像个惊恐、不幸的哀求者。

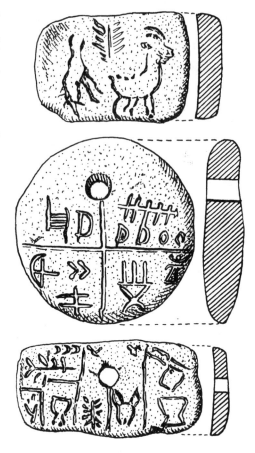

不过他也没有到做自然界的主人的时候。他虽然变得比世界上所有的动物都有力量，他战胜了猛犸，但是他跟他不可能支配的强大的自然界的力量比较起来，还是一个很弱小的生物。

一次围猎失败了，就只好挨几星期饿。一场风雪就把猎人的宿营地全埋在雪里。

究竟是什么给了人力量去斗争，慢慢地、一步一步地走向征服自然界的这条路呢？

给他力量的，是因为他不是孤独的一个人。

人们用整个集体的力量和自然界敌对的力量斗争。他们用整个集体来劳动，在劳动中不停地搜集、积聚经验和知识。

不错，他们自己是不大了解这一点的，或者说得更准确一些，他们是按照他们自己的思想去理解的。

那时候，他们不知道什么是人类的社会，但是他们感觉到他们是相互联系的，感觉到一个集体是一个巨大的人，有许多手、许多脚和许多眼睛的人。

究竟是什么把他们联系在一起的呢？是血缘关系——那时人们是整个氏族住在一处的：孩子们和母亲在一起，这些孩子又生出孩子来，他们留下来和兄弟姊妹、舅父姨母、母亲祖母们住在一起。

氏族就是像这样发展起来的。

对于原始猎人，社会就是共同的祖先所传下来的氏族。人们要感激祖先。祖先教会了他们打猎和制造工具，祖先给了他们住屋和火。

干活、打猎——这就是执行祖先的意志。谁听从祖先，谁就能免去自身的灾难和危险。祖先们和自己的后裔住在一起，他们在冥冥中参加打猎，无形地住在屋子里。他们什么都看得见，什么都知道。他们惩罚做坏事的人，奖励做好事的人。

祭祀祖先的风俗就是像这样产生的。

在原始人的脑子里，为公众利益所做的集体劳动就像这样变成了单纯的对共同祖先的意志的服从和执行。

就是对于劳动本身，原始人的理解也和我们不同。

我们的观念是打猎养活猎野牛的猎人，原始猎人却认为是野牛养活他。到现在，我们还按照旧习惯，把母牛叫作乳母，把大地叫作母亲。我们从母牛取得牛奶，并不征求它的同意，但是我们却要说是母牛"给"我们牛奶。

养育原始猎人的是野兽——野牛、猛犸和鹿。猎人认为并不是他杀死了野兽，

而是野兽把自己的肉和皮送给了他。印第安人相信没有办法违抗野兽的意志来杀死野兽，如果野牛被打死了，那是因为它为了人们牺牲了自己，它心甘情愿被人打死。

在古代人的观念里，野牛是整个一个部族的养育者和保护者。

而同时，一个部族的保护者——这就是共同的祖先。

于是在那个对世界的了解还很模糊的头脑里，祖先—保护者和养育一个部族的野兽—保护者就混合成为一体了。

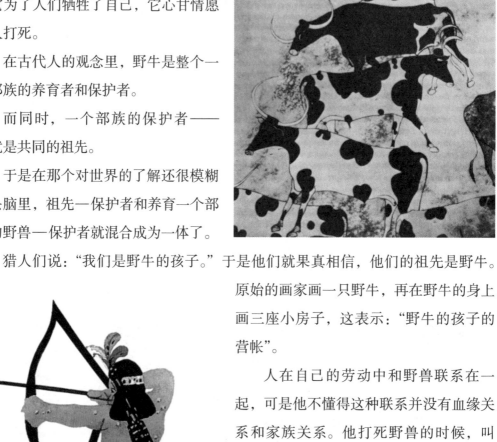

猎人们说："我们是野牛的孩子。"于是他们就果真相信，他们的祖先是野牛。原始的画家画一只野牛，再在野牛的身上画三座小房子，这表示："野牛的孩子的营帐"。

人在自己的劳动中和野兽联系在一起，可是他不懂得这种联系并没有血缘关系和家族关系。他打死野兽的时候，叫野兽是大哥，求野兽宽恕他。他在自己祭仪和跳舞的时候，尽力设法使自己像野兽——自己的哥哥：他披上野兽的皮，模仿野兽的动作。

那时人还不把自己称作"我"。他认为自己是一个氏族的一小部分，一个氏族的工具。每一个氏族都有名字，所谓图腾。这是野兽——祖先和保护者——的名字。一个氏族叫"野牛"，另外一个氏

族叫"熊",第三个氏族叫"鹿"。人们准备好为了自己的氏族而牺牲性命。他们认为氏族的规矩就是图腾的命令,而图腾的命令就是他们的法律。

跟祖先谈话

让我们再度走进原始人的洞穴里去,和他并排坐在火塘旁边,谈一谈关于他的信仰和风俗习惯。请他自己告诉我们吧:究竟我们的猜测正确不正确,对那些仿佛是他故意为我们留在洞穴墙壁上的、留在骨头和角所做的护身符上的图画,我们的理解是不是正确。

但是用什么方法使洞穴的主人说话呢?

风早已把火塘里的灰烬吹散了。从前曾经在这火塘旁边用燧石和兽角制造工具、用兽皮缝制衣服的那些人的骨头也早已烂掉了。现在我们只能偶然在地里找到个发黄的干枯的头盖骨。

怎样才能使头盖骨开口说话呢？

我们在发掘洞穴的时候，我们搜索器具的碎块和破片，好根据这些器具来了解人在那时候曾经怎样干活。

但是到哪里去寻找古代语言的残余和碎片呢？

要在现代还存在着的语言里面去找。

做这种发掘工作是用不着锹的；这种发掘不是在地里，而是在字典里。每一本字典、每一种语言里都保存着过去的宝贵的残余。事实一定是这样的。因为语言里保留着几百代、几千代的经验。

学习、研究一种语言——这好像是一件很简单容易的事情。

实际上却不是这样。

为了搜寻古代词儿，研究工作者遍历各地，越过高山，渡过重洋。有的时候，在居住在深山里的很小的部族里，可以找到在别种语言里已经不再保留的古代词汇。

每一种语言就像是人类旅途上的一座宿营地。澳洲、非洲和美洲的猎人部落的语言都是我们早已走过的宿营地。

这一回，研究工作者渡过了海洋，到波利尼西亚去搜寻我们早已忘记了的古代概念和古代词句。

为了寻找古代的词汇，研究工作者还要到南方的大沙漠和北方的冻土带去。

住在极北地区的民族的语言里还保存着没有私有财产观念的时代的词汇。那个时代，人们不知道什么叫作"我的武器""我的房子"。

就需要在这些语言里发掘出古代语言的残余，就像考古学家在猎人宿营地发掘出住屋和工具的残余一样。

当然，不是每一个人都能够做字典的考古学家的。

没有准备、没有学识是要徒劳无功的。因为古代的词汇并不是像保存在博物馆里一样地保存在语言里。许多世纪以来，词汇已经不止一次地改变了。它们从这一种语言转移到那一种语言里去，它们互相融合，它们改变自己的词尾和词头。有的时候，一个词只剩下一个古老的字根，就像一株烧焦的老树一样。只能根据字根来探求这个词是从哪儿拿来的。

几千年以来，不仅是词汇的形状改变了，意义也改变了。一个旧的词往往会得到新的意义。

这在现在也是这样。出现了一个新的东西，我们不总是给它想一个新的名字。

我们写字用钢笔头，而不是鸟的羽毛[1]了。而紧握它的也不是人的手，而是木、骨或铁制的钢笔杆[2]了。潜水艇实际上不是小艇，而蒸汽锤——它仅仅是动作像锤，外表并不像。现代的射手已经不再用箭[3]，而是打枪了。

我们时常不用手来抄写手稿[4]，而用打字机打字。打字机在我们俄语里叫抄写机[5]，尽管它已经不是抄写而是打印。

我们拿旧的词汇："羽毛""小手""小艇""锤""射手""手稿"等来称呼新的东西。

这都是不久以前形成的——是在语言的"上层"的。我们因此能够很容易地找到这些词汇以前的意义。

但是如果再挖深一些，工作就难得多了。只有高明的语言学专家，才能够找到词汇已经被遗忘了的古代意义。

有名的前苏联学者、科学院院士尼古拉依·雅科夫维奇·马尔[6]就是这样一位高明的语言学专家。他研究了古代和现代各种民族的语言之后，证明有许多现代词汇从前都有别的意思。他发现，在几种语言里，词"马"以前是指鹿或者狗的，因为人类骑狗和鹿比骑马要早。他还证明了，最初的农夫把麦子叫作橡实，因为人类先开始吃橡实，以后才吃麦子。

有几种语言把狮子叫作"大狗"，把狐狸叫作"小狗"。这是因为"狗"这个词出现在"狮子"和"狐狸"这两个词之前。

---

[1] 俄语里钢笔尖是 перо，原意是鸟的羽毛。

[2] 俄语里钢笔杆是 ручка，原意是小手。

[3] 俄语里射手是 стрепок，стреп 的意思是箭。

[4] 俄语里手稿是 рукодиси，从字义上看是手抄的意思。

[5] 俄语里打字机叫 пишущая машина，从字义上看是抄写的机器的意思。

[6] 马尔（1864—1934），俄国语言学家，研究高加索地区的语言，有一定的成绩。

古代语言的碎片

研究工作者在各种语言里发掘的时候，找到了古代发音语言的碎片。

前苏联科学院院士伊凡·伊凡诺维奇·梅沙尼科夫 [1] 在他的一本著作里叙述了关于这种碎片的事情。

比如说，在犹加吉尔 [2] 语言里有一个词，假如直译出来，是"人鹿杀"。这样一个长的词连说出来都不容易，了解它的意思就更难了。

这个词叫人不明白，究竟是谁把谁杀死了：是人把鹿杀死了，还是鹿把人杀死了，还是人和鹿一起杀死了第三者，还是第三者杀死了人和鹿。

但是犹加吉尔人却懂得这个词。他们想说"人杀死了鹿"的时候，就用这个词。

到底是怎么回事儿呢？这样一个奇怪的词是怎样产生出来的呢？

这个词是在那个时代产生出来的，那时候人类还不把自己称作"我"，人类还没有自觉这是他自己在干、在打猎、在追逐和打杀鹿。人不把自己和整个氏族的人分开。他认为不是他打死了鹿，而是整个氏族的人打死的，甚至于不是他一个氏族的人打死的，而是那个支配世界的神秘莫测的力量打死的。人感觉到自己在自然界的面前还弱小无助，自然界不听他的话。

今天，依照那神秘莫测力量的命令，"人鹿杀"进行得很顺利。明天打猎却以失败结束，于是人们空手回到家里去。

在"人鹿杀"这个词里没有主动者。也难怪，原始人怎么能够明白谁是主动者：是他还是鹿？他认为是神秘莫测的保护者——鹿和人类的祖先把鹿赏赐给人的。

假使我们在做发掘工作的时候，从发声的语言的最古老的一层走向比较新的一层里，我们还长时期会碰到那个人类认为自己受着神秘力量支配的时代的语言残余。

下面是楚科奇 [3] 语言中的一个句子：

---

[1] 梅沙尼科夫（1883—?），俄国语言学家，对于古代西南亚地区居民的语言和文化有专门研究。

[2] 犹加吉尔人居住在俄罗斯雅库特自治共和国。

[3] 楚科奇人是西伯利亚的游牧民。

　　用人来把肉给他的狗。

　　我们不明白这个句子。我们是从这样的语言层里把它发掘来的，那层语言层是在很久以前，当人类的想法和我们现在的想法不同的那个时候所堆积起来的。

　　他们不说："人把肉给狗"，而说："用人来把肉给他的狗"。

　　究竟是谁用人来把肉给狗呢？

　　是那指使人就像使用工具一样的神秘力量。

　　达科他人 [1] 不说："我编织"，而说："用我来编织"，就好像人是编织东西的钩针，而不是人用这支钩针来编织东西。

　　古代语言的碎片在别国的语言里也保留了下来。

　　法国人说："Il fait froid"，这是"冷"的意思。但是如果按字面直译出来，就成

----

[1] 达科他人是北美洲的印第安人。

了："它制造冷"。

又是那个支配世界的"它"。

我们为什么要在别国的语言里挖掘呢，在我们自己的语言里边，就可以找到古代语言的残余，那就是说，也可以找到古代思想的残余。

我们说："用雷把他打死了。"

是谁打的呢，是"它"——那神秘的力量。

或者比如说："使他痉挛了""使他发寒热了"。究竟是什么东西那么幸灾乐祸呢？

那个神秘莫测的"它"无形地出现在下面这几个词句里："破晓了""黎明了""下小雨了"。

我们不相信任何神秘的力量，但是在我们的语言里还保留着古代相信这种力量的人们的语言的残余。

比如我们说"表找着了"，就好像表并不是我们找到的，而是表自己以一种奇妙的方式出现了似的。

像这样，我们发掘语言层的时候，不仅找出了原始人的词汇，而且还找出了他们的思想。原始人是住在他不理解的神秘的世界里，在那个世界，不是他干活和打猎，而是有谁用他干活，用他杀死鹿，在那个世界里一切事情按照那种神秘莫测的力量的意志在完成。

但是时间逝去了。人越变得有力，他也就愈加清楚地了解世界和他在世界里的地位。在语言里出现了"我"，出现了那在行动着、斗争着、使东西和自然服从自己的人。

我们已经不再说"用人杀死了鹿"了，而说："人杀死了鹿"。

但是在我们的语言里，依然偶尔出现古代的影子。我们不是直到如今还在说"不顺利""注定""没有注定"吗？

是什么不顺利？是什么给注定了呢？

是运气，是命！

运气和命——正是原始人曾经那样惧怕过的那"神秘莫测"的东西。

在我们的语言里还有"命运"这个词。但是现在我们已经可以预言，这个词将来一定会消失。

农民越来越有把握耕种自己的田地。他知道，丰收不丰收，这一切全在乎他自己。

为农民服务的——有机器，机器把贫瘠的土壤变成肥沃的，还有科学，科学帮助他管理植物的生长。

海员越来越勇敢地出发去航海。他能看见水底的暗礁，他预先知道会不会有风暴。

"注定了""命中注定"——这些话越来越难得听见周围的人们说了。

无知引起恐惧。

知识给予信念。

不知道自然界规律和不会支配自然界力量的人们感觉到自己是自然界的奴隶，是神秘莫测的力量的奴隶。

知道自然界规律和自身的存在的人们成为自己命运的主人，他得到了自由。

第八章

冰雪退却了

每年在雪开始融化的时候，在森林里和田野里、乡村街道上和路旁沟渠里——到处都能见到翻滚的、喧哗的小河、溪流和瀑布。

它们从肮脏的积雪下面逃出来，仿佛是春天在屋子里关不住的孩子们一样。它们跳过石头，穿过道路，鲁莽地一直向前冲去，把它们快乐的喧嚣声充满了四周。

雪从被太阳照耀着的山坡和空旷的田野里退到沟壑和渠道里去，藏在墙后面，在那里，有时候它能够躲避太阳光，一直躲到五月。

人还没有来得及看个清楚，整个自然界已经变成另外一个样子了。太阳光在几天之内便已经给赤裸的山坡披上了青草，给赤裸的树枝穿上了绿叶。

每年春天，在整个冬天积聚起来的雪融化的时候，总是这样的。

那么，在那个时期，像一顶白帽子似的扣在地球顶端的巨大冰壳开始融化的时候，是怎样一种情形呢？

那时候，从雪下面跑出来的不是溪流和小河，而是辽阔的泛滥的江河。这些江河当中的许多条直到如今还在向大海流去，沿途汇集所有的在路上遇到的合流的小河、溪流和小川的水。

这是自然界伟大的觉醒，是那给赤裸的北方平原着上大森林绿装的伟大的春天。

但是春天并没有立刻就执行它的职权。有时候，在五月的艳阳天之后，又突然刮起寒风来。清早醒来一看，四围又是一片白，屋顶上面铺着雪，就仿佛春天根本没有来过似的。

伟大的春天也没有立刻击败寒冷。冰雪慢吞吞地退却，仿佛是很勉强的样子，成百年地滞留在原处。

有的时候，冰雪稍微退却一些之后，停留一个短时期，就仿佛是在养精蓄锐似的，然后又重新改成进攻。那时冻土带就带了它的忠实旅伴——北方鹿，也和冰雪一同向南方移动。

苔藓和地衣在平原上蔓延开来，排挤着青草。野牛和马也到南方多草的草原上去了。

温暖和寒冷之间的战争持续了很久，结果温暖胜利了。

汹涌的水流从融化了的冰雪下面奔流出来，地球的白雪帽子开始发皱、收缩。冰雪的边界退向北方去了，冻土带的边界也追随着撤退了。在那些曾经生长着苔藓和地衣的地方，在那些不久前还难得碰到低矮稀疏的小松林的地方，长出了粗可两抱的松树，形成了稠密的大松林。

而温暖还是继续地增长着。

在郁暗的松林的针叶间，越来越多地有淡颜色的白杨树梢和桦树梢探伸出来了。

跟在它们的后面，阔叶的槲树和菩提树也像雄伟的军队一样向北方进军。

"松树的世纪"逐渐改变成"槲树的世纪"。一种森林房子把地盘让给另外一种森林房子，但是每一座森林房子里都有它自己的住户。

随着阔叶树林，随着灌木丛、蕈和浆果，那些喜欢吃森林食物的野兽也向北方移去。野猪来了，麋鹿和南方野牛来了，有着和树枝一样多叉的角的赤鹿也来了。馋嘴的棕熊开始攀折树枝，寻找野蜂蜜。狼小心地踏着落叶，循着兔子的足迹跑。圆脸短嘴的海狸在林间河流里着手建筑防水堤。无数的鸟儿把它们的歌声充满了森林。林间的湖上有鹅和天鹅在喧闹，在鸣叫。

在冰牢里

人不能够待在一旁，成为事件的袖手旁观者。周围的一切都像戏院里的布景一样改变着。唯一和戏院不同的是，这里的每一幕戏都要演几千年，舞台占据的面积有几百万平方千米。

在这个世界的戏剧里，人不是观众，而是演员。

每一次更换布景的时候，人为了保全自己的性命，不得不改造和变更自己的生活。

当冻土带向南方爬过去的时候，它仿佛用锁链牵着自己的俘虏——北方鹿一同走。这条无形的锁链的一头锁着北方鹿，另外一头锁着苔藓和地衣。

鹿在冻土带游荡着，吃着苔藓和地衣，人们也跟随在它们的后面游荡着。

人在草原上猎取马和野牛。在苔原上，他就只好做猎取北方鹿的猎人了。

在冻土地带除了鹿之外，他还能猎取什么呢？

猛犸都死光了。人曾经把它们成千地捕杀，在自己的宿营地附近堆起了像小山一样的猛犸骨头堆。他把马也打死了不少。那些留下性命的马，在润湿的草原青草变成干枯的地衣的时候，跑到遥远的南方去了。有的猎人跟在马后面一同去了，有的猎人留在冻土地带。

在冻土地带，人唯一的养育者就是鹿。人吃鹿的肉，穿鹿的皮，用鹿的角制造矛头和叉子。这就迫使人把他的整个生活去适应鹿的生活。

鹿走到哪里，人也跟到哪里。在猎人的宿营地，妇女们匆匆忙忙架小屋，匆匆忙忙用兽皮盖在小屋上面。她们知道，她们不会在一个地方住得很久。在鹿被蚊蝇

驱逐到别的地方去的时候，人们除了跟着一同开拔之外，没有第二条路，妇女们把小屋拆除，背在背上，累得筋疲力尽，慢慢地在苔原上彳亍前去。男人们手拿着叉子和长矛，轻快地在旁边走着。男人们不管建造住屋工作，这个工作归妇女负责。

但是现在，冻土地带带着北方鹿开始退却了。在原来是苔原的地方，生长出了茂盛的没法通行的大森林，而且越长越密了。

这时候，人怎么样了？

有些猎人部落不知不觉地跟随着北方鹿群移住到北方、北极去了。这是最简单不过的了：人对于北方自然界已经习惯了。寒冷、严峻的时期延续了几万年。在这几万年中间，人学会了和寒冷搏斗，学会了从野兽身上抢过它们温暖的毛皮来。周围的天气越冷，在避风的地窖里的火塘里的火就烧得越旺。

到北极去比留在原地方容易得多，但是容易的路不一定是最好的一条路。跟随苔原一同到北方去的那一部分人丧失了很多：对于他们，冰川时期是长时期的了。格陵兰的爱斯基摩人直到如今还在冰天雪地里，向严峻、吝啬的自然界进行着永恒的斗争。

而那些留在原地方的部落的命运却完全不同了。在周围生长起来的森林中间，他们起初很不容易维持生活，但是他们从他们的祖先居住过几千年的冰牢里逃了出来。

人和森林作战

那些在从前是冻土地带的地方生长起来的森林，和我们现代的森林完全不相像。那是一大片没法通行的密林，延伸到几千公里宽，一直迫近河岸和湖岸，有的地方一直长到海边上。

在这个新的、不习惯的世界里，人实在很不容易生活。森林用它毛茸茸的脚爪夹住了人，压榨着人，不许他通过。人必须时时刻刻跟森林斗争，砍伐它，清除它。

在苔原上或者草原上，人找一个布置营帐的地方毫不费力。周围都是空地。在森林里却先要征服那块地方。

在森林里，每一小块土地都被树木和灌木丛占据着。

不得不像夺取敌人的堡垒一样，用战斗去占领森林。

但是赤手空拳是无法作战的。

要砍倒树木，人必须有斧子。

于是人就把一块很沉重的石头三角器安装在长长的柄上。

在那从前只有啄木鸟的敲击声的森林深处，如今响起了最早的斧子敲击声了，斧声惊起了鸟儿和野兽。

尖锐的石头深深地砍入树身，黏稠的树脂从伤口里一滴一滴流出来。树发出咯吱的声音，倒在伐木人的脚下。

一天又一天，人们坚持地、有耐心地砍伐着树木，在森林世界里为自己夺取地盘。

他们在森林里清出一块空地来，然后纵火烧掉树墩和灌木丛。

人们就像这样跟森林作战，而且战胜了它。但是连那已经被征服了的、投降了的敌人，他们都不肯给它安宁。

他们把树枝砍去，把圆木头的一端削尖。圆木头削尖以后，他们用石锤把它打进地里去。在头一根木柱旁边又竖起第二根、第三根、第四根，形成一个栅栏。他们再用树枝把栅栏编好，就造成了一堵墙，在森林中间长出了木头造的小房子，小房子本身就像森林。它和森林一样，也竖着一些树枝交织着的树干。但是这些树干并不是胡乱地站着，而是按照人安排的那样有次序地站着。

人在森林世界里为自己夺到一块地盘是很困难的，而获取食物却还要更难。

在草原上，人曾经猎取那些成群结队的野兽。成群的野兽在远处也很容易被看见。从随便哪一个小丘上看草原，草原上的情况就可以了如指掌。

森林里可不是这样。森林房子里住满了房客，却看不见房客的面。它们把自己的声音，叽叽喳喳喧闹的声音，充满了每一层楼。但是要去追寻它们，找到它们，却很困难。

不知什么东西在脚下沙沙地响，从头上飞了过去，碰动了树叶。在这些窸窣的声音中间，在各种各样的气味中间，在这些各色的树干之间的各色斑点中间，怎样去辨认究竟是什么呢？

鸟的羽毛很像斑驳的树皮，褐色的野兽毛皮在昏暗里和褐色的落叶混成一片。

很不容易追踪一只野兽。如果追到了，就必须趁它还没躲开，趁它还没有消失在树丛里，立刻百发百中地打中它。

这时候，猎人就不得不用迅速、准确的箭来代替投矛了。

猎人手里拿着弓，背上背着箭袋，在丛林里穿来穿去搜寻野猪，在沼泽一带射击野鹅和野鸭。

四条腿的朋友

每个猎人都有一个好朋友。这个朋友有四条腿，有两只又大又软的耳朵和一个灵敏的黑鼻子。

打猎的时候，四条腿的朋友帮助主人搜寻野味。吃饭的时候，它坐在旁边，注视着主人的眼睛，仿佛在问：我的一份在哪儿呢？

四条腿的朋友忠实可靠地为猎人服务，已经不是一年，而是几千年了。在猎人还不是用猎枪发出的霰弹而是用轻快的羽箭射击鸟兽的那个时期，人就把狗驯服了。

在林间的泥炭沼地里，常常在人的遗骸旁边找到狗的遗骸。在森林里曾经是小村落的那些地方，在厨房的垃圾堆里，至今还保存着有狗的牙齿痕的兽骨。可见在那个时候，在吃饭的时候，狗就已经坐在猎人的身旁，注视着主人的眼睛，向他要骨头吃了。

如果狗不替人服务的话，人难道会把狗带在身边并喂养它吗？

猎人驯服了小狗之后，把它教成一个助手，训练它搜寻野兽。

人没有选错助手。在人看见野猪的踪迹或者听见鹿的脚步声之前，狗已经竖起耳朵来仔细地听，伸出鼻子去用力地嗅了。树叶间有什么气味？谁在这里走过？狗把空气检查两三下就找到踪迹了。狗很自信地在森林里奔跑，虽然周围什么也看不见，什么也听不见，它却专心致志在干它的主要工作——搜寻野兽。人只要跟在它后面跑就行了。

人把狗驯服了之后，变得比以前更有力了。他迫使嗅觉比他自己的鼻子灵敏的狗鼻子为他服务。

他不仅利用狗的鼻子，而且还利用狗的腿为自己服务。在把马套上车子以前，狗就早已在给人拉车子了。

在西伯利亚，克拉斯诺亚尔斯克附近，在一个古代猎人营地，同时找到了狗的骨骸和挽具的零件。

这样看来，狗不仅帮助人打猎，而且还给人拉过车子。

像这样，在人的传记里，我们第一次遇见了他的朋友——狗。

有多少故事叙述那些在山里搭救旅人的狗、从战场上背出伤员的狗、防守家门和国境的狗啊！在家里，在狩猎中，在战场上和在科学实验室里，狗都是很忠实地在为人服务。

科学家为了科学和人类的福利，把狗放到解剖台上去的时候，狗用一种心甘情

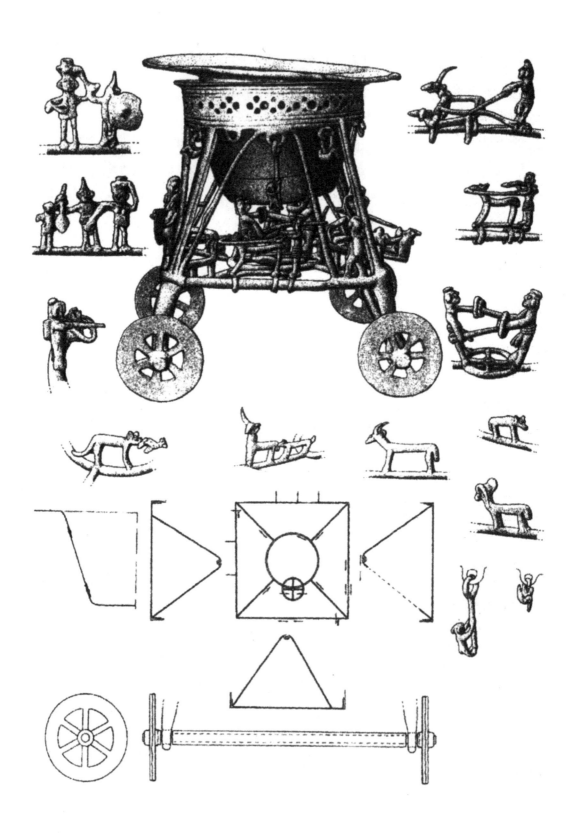

愿的、把自己的生命贡献给人的信任的眼光注视着科学家。

在列宁格勒附近的巴甫洛夫城里，在科学家研究脑的工作的实验室前面耸立着一座很高的纪念碑。

这座碑就是用来纪念我们的忠实的四条腿的朋友的。

人和江河作战

并不是所有的人都到丛林里去了。也有些人走出了丛林，走到了江河和湖泊的岸边。

人在水和森林之间的那条狭窄地带，用木头建了小房子。

河边上比森林里宽敞。但是在那里，生活并不比在森林里容易。

河是个很不安静的邻居。春季里，它泛滥了，把河岸淹没。水常常把人们所建造的小房子连同大冰块、连同倒下的树干一起冲走。人们为了从水灾中保全性命，爬到树上去，待在那里等待河把愤怒变作慈爱。等河水重新回到河床里去的时候，人们就在河岸上着手重建他们被毁坏了的巢穴。

起初，每次水灾都出其不意地到来，弄得人们措手不及。

但是在人把河认识清楚之后，知道了它的脾气和习惯之后，人们就会用机智来战胜它了。

人们砍下几棵树来，缚在一块，放在河岸上。在第一排圆木头上面，又打横放上第二排，渐渐地用圆木头搭成一座又高又宽的台。人们把自己的小房子造在这座高台上。现在，人们不再惧怕水灾了。河水狂暴地冲上岸来的时候，它甚至连屋基也冲不动了。

这是人的一个大胜利。把低的河岸变作高的河岸，这是谈何容易啊！现在我们造来制服江河的各种堤防和水坝全是从这种用圆木头搭成的高台发展出来的。

人在对江河的战争中，花费掉了许多劳动和时间。可究竟是什么力量迫使他住在河畔，究竟是什么把他引到水边去的呢？

关于这一点，你可以去问一问渔夫们，他们整天消磨在江河上，耐心地注视着鱼竿的浮子。

河把人引到它那里去，因为河里有鱼。

猎人怎么会做起渔夫来的呢？捕鱼需要跟打猎用完全不同的工具、完全不同的技术和方法啊。

我们发现事件的链条断开的时候，就必须设法去找到那些缺少的环节。

猎人不能够立刻变成渔夫。这就是说，他在开始捕鱼之前，一定是猎鱼来着。

实际上正是这样。第一种捕鱼的工具是鱼叉，它和长矛很少有差别。人在齐腰深的水里徘徊着，用鱼叉刺杀躲在石头缝里的鱼。后来，人开始也用别的方法来捕鱼了。他已经用网捉过鸟，他又试着把网抛到水里去。

像这样，人渐渐地置备了渔网。考古学家常常在地底下发现：跟鱼叉在一起，有用来结在渔网上的石坠和骨制的鱼钩。

我们的船的祖父

六十多年前，工人在拉多加湖附近开掘运河。他们挖掘泥炭和沙的时候，掘出了许多人的头盖骨和石器。

考古学家知道了这件事情，于是，他们就着手在这片看上去除了泥炭之外什么东西也没有的沼泽里搬运出各种各样的东西，就仿佛从博物馆的橱柜里向外拿一样。

他们从泥里拖出了石斧、石刀、鱼钩、箭头、有齿的锐利的鱼叉和用骨头雕成的海豹形状的护身符。

考古学家取出了石制和骨制的工具之后，又胜利地从泥炭地里掏出一只完整的独木舟。这只独木舟保存得非常完整，恐怕现在乘了它，还可以到水上去划。

从外表看来，它完全不像我们现在的船。我们所有的小船、蒸汽机轮船和内燃机轮船的这位祖父是用整整的一棵粗大的槲树凿成的。

如果仔细看看这棵槲树，简直好像能亲眼看见，石斧曾经怎样砍挖它的树心。

斧子顺着纤维砍的地方，事情倒还进行得很顺利：木头被削得很平滑。但是在那需要横截着纤维砍的船头和船尾，这就

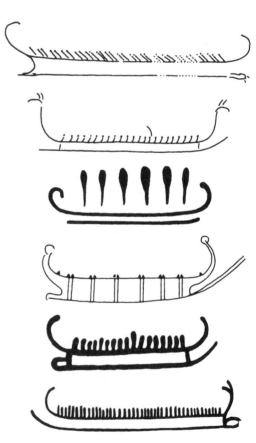

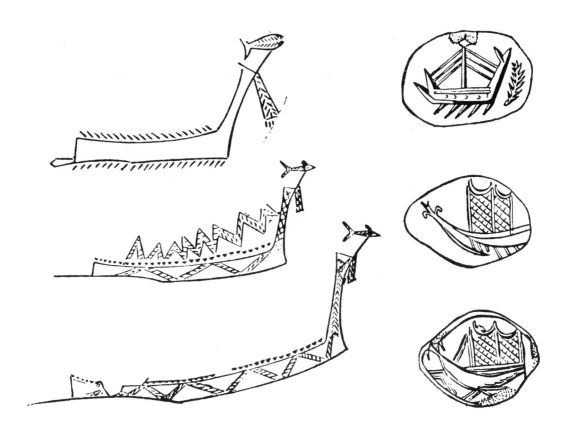

不是在干活，简直是在受罪了。树干的四面八方被横切竖砍，到处是凸一块凹一块，就好像这槲树被石头牙齿狠狠地啃过似的。遇到有枝节和斜纹的地方，斧子就不管用了。这时候，火就来帮助斧子跟树作战了。

独木舟的整个船尾都炭化了，上面有黑黑的一层有裂纹的炭层。

显然，在那个时候造一只独木舟，并不比现在建造一只大轮船容易多少。

在独木舟旁边，在泥炭地里还找到了砍它的石斧，斧子的刃口磨得很光，很锋利。离斧子不远的地方还有一块磨刀石。这就是说，那时候的工具，已经不是光用石锤砸尖，也用磨石磨光了。

难道没有磨快的斧子能对付得了坚硬的木头吗？

人在槲树上面花费掉了很多的心血和时间，好不容易才把槲树造成了独木舟。

现在工作完成了。独木舟放到了水里去。人们带了鱼叉、鱼钩和编织的渔网出发去捕鱼。

湖是很大的，湖里的鱼很多，但是人们不敢到离岸太远的地方去。

水对于人是一种新的、没有习惯的自然。怎么样去了解它的性情，猜出它的心思呢？有的时候，它柔和、安静、驯服地躺着；有的时候却勃然大怒，吵闹起来，涌起了浪涛。

那棵连风暴都吹不倒的大橄树，在浪涛间像一块很轻的小木板一样起伏着、旋转着。

人们恐惧地拼命向岸边划去。岸上是人们的脚已经走惯了的坚实土地。土地不摇晃，也不涌起浪涛来。

人像个小孩子一样，投向养育他的母亲——大地的怀抱里。

人不敢到那辽阔的天水相连的不可信任的湖中心去捕鱼，而等待鱼自己游到岸边来。

后来，人渐渐开始提心吊胆地去征服水了。

曾经有过一个时期，对于人，世界是被陆地限制着的。每一道岸都好像是被一堵墙挡住着，墙上写着："禁止入内"。

现在，人穿过这堵无形的墙了。他还滞留在他的新世界——水的世界的边缘。但是凡事开头难，过了一段时间，人就会离开岸边的。

他不再乘坐古老的独木舟，而是乘着大船到宽广的大海里去航行，为了在海外去发现居住着跟他一样的人类的新的土地。

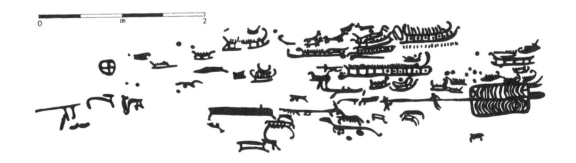

最初的工匠

你们啊，年轻的细木工和粗木工，冶金工人和化学工人，机床制造工人和飞机制造工人，建筑工人和造船工人！

这本书是写给你们的，写给喜爱自己的工具和自己的工作的人的。

你们是知道的，跟材料斗争有多么艰难，胜利以后又是多么愉快。

你把一小块木头拿在手里，好像已经看见了你想要把它做成的那件东西。似乎一切都很简单。这里需要锯掉一点儿，那里需要钻一个孔，这里需要削一下。但是材料却不听你的话。它拼命地反抗那柄把刀口切进它里面去的刀子。

一种工具紧跟着另外一种工具参加作战。刀子败退下来的地方，斧子就战斗着推进。斧子砍不下来的地方，锯子就把它的几十个尖齿咬进木头里去。

这一回，那块材料的曾经遮蔽了它应该变成的形状的多余部分，都变成了刨花、碎片和锯末了。

你胜利了。但并不是你一个人战胜的，是许多世纪以来发明和改善工具、搜求新材料和新的工作方法的所有工匠，和你一同战胜的。

在这本书里，你已经遇见过那些创造刀斧和锤子的最初的工匠。

你看见过他们干活时候的情形，他们干活和你们干活一样艰难和愉快。

这些最初的木匠、最初的掘地工人、最初的砖瓦匠，他们都穿着兽皮。他们的工具是很粗糙、制造得很拙劣的。他们必须花费掉好几个月工夫才能做出一只小船来。他们用泥捏成一个盛食物用的罐子比我们塑成一座人像还要难。

但是现在用自己的劳动改造自然的所

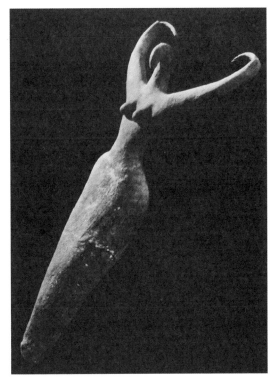

有的建筑工人、化学工人和冶金工人，全是从这些木工、掘地工人和陶工发展出来的。

陶工用旋转的圆盘捏制泥罐的时候，他的手似动非动。但是在他微微动弹的手指下面，那一小块黏土却活了起来，扩展开来，弯成了圆形的罐身，变成了它自己变不了的那种形状。

就像这样，在工匠的巧手下产生出来一种崭新的、完整的形状。但是更加奇妙的是诞生了一种新的材料。

这些古代的陶工用黏土第一次创造出了从前自然界里所没有过的材料。从前，原始的工匠用石头制造斧子或者用骨头制造鱼叉的时候，他并没有创造新的材料，他仅仅是改变了材料的形状，这回发生了以前从来也没有发生过的事情。人用黏土捏成食器，放在火堆上烧烤。火把黏土所有的性质都改变了，变得认不出来了。

从前，黏土是绿色的，现在它变成褐色的了。从前，它一遇见水就要酥软、变稀，变成一摊烂泥。经过火烧之后，它就不再怕水了。它里面已经可以盛水，盛了水也不至于变软而改变形状了。

198

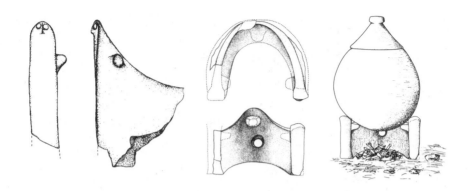

　　人依靠火，把黏土变成新的材料。这是双重的胜利：征服了黏土，同时也征服了火。不错，火以前就为人类服务了：它曾经保护人们不受寒冷，它替人们驱逐野兽，它帮助人们清除森林，在用斧子造独木舟的时候，它也赶来帮助斧子。人们已经很会取火了：人们用一块木头摩擦另一块木头的时候，火就很听话地出现在人们的面前了。

　　现在，人又给了火一项新的、更加复杂的任务：让它把一种材料改变成另外一种材料。

　　人知道了火的性质之后，就使它来烧黏土、煮食物、烤面包、炼铜。

火帮助我们用矿石炼出铁，用沙制成玻璃，用木头制成纸。整队的冶金工人和化学工人管理着在工厂的大炉子里燃烧着的火。这些大炉子全是从古代陶工用来烧制他第一只笨拙、尖底的泥罐的火塘演变下来的。

谷粒一证人

在一座原始猎人的宿营地，考古学家在各种各样的东西当中找到了几块陶器的

碎片。

陶器碎片的表面有些很简单的花纹：交叉成格子的线道。这种花纹向我们说明，罐子是怎样捏成和烧成的。

他们把树枝编成的筐子里面涂上黏土，然后放到火上去烧。筐子烧掉了，罐子就留了下来。因此在那些贴着枝条的外表面可以看出印在黏土上面的歪斜的格子纹。

后来，人们变得勇敢一些了，捏制黏土食器的时候，不要筐子来帮助了，陶工还故意在罐子上划出一向有的斜格子的花纹。他们认为，假使罐子不像祖母和曾祖母用来煮饭的那些罐子，那么这只罐子就不能使用了。

那些时候，工匠觉得每一件东西都隐藏着一种神秘的力量和性质。谁知道呢，说不定食器的全部效力都靠它的花纹哩！如果把花纹改变了，自己不会有什么好处：食器将带来不幸、贫穷和饥饿。

有的时候，陶工在罐子上画一只狗，用来保护罐子免得受"邪恶的眼睛"的损害。

狗不仅在狩猎的时候帮助人，它还看守家屋。

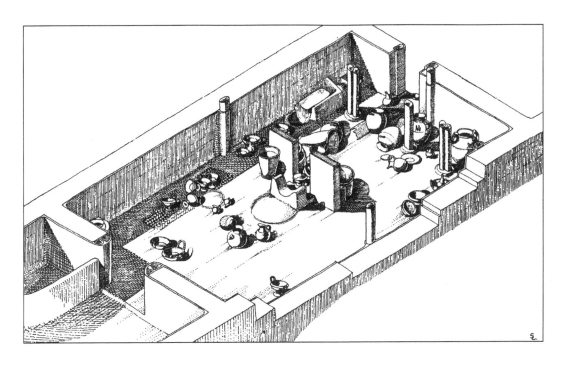

陶工把狗画在罐子上，他是这样想的：狗是看守者，让它保护着罐子和罐子里的东西吧。

在许多地方都找到过有格子花纹的陶器碎片。但是其中有一片，在法国康比尼镇附近发现的那一片，却特别著名。

考古学家仔细地考察了这块陶器碎片，发现在它的上面有一个大麦粒的印子。

他们很兴奋地观察自己的发现。这不仅仅是一颗谷粒，而是一个证人——证明人类生活的巨大转变的小小的证人。

在那些有谷粒的地方，就可能有农业。难怪就在这一个宿营地，也找到了搓谷板和播种之前松地用的石制的耒耜。

显然我们的猎人和渔夫同时也做了农夫了。这事情是怎样发生的呢？

应当说明，并不是整个部落的人都从事狩猎和打鱼。男人们出去打猎的时候，妇女们和孩子们就在营帐的周围跑来跑去，有的手里拿着筐子，有的手里拿着陶罐，沿途采集所有遇到的可以吃的东西。在海边上，她们拾取贝类。在森林里，她们采集蕈、浆果和坚果。橡实，她们也不嫌坏。她们把橡实磨成了粉烤饼来吃。难怪有些民族还把面包叫作橡实。

她们最高兴的，是弄到一只野蜂巢的时候。

在一块山岩上保存着一幅图画，描绘着一个妇女在采蜂蜜。她爬在一棵树上，把一只手伸进蜂巢，另外一只手拿着陶罐。愤怒的蜜蜂在她四周飞绕，但是这个妇女对它们毫不在意，还是从巢里掏取装满了蜂蜜的蜂房。

妇女们和孩子们完成了顺利的出征之后，带了大量的浆果、蜂蜜、野苹果和野梨回家。

这回可以大吃一顿了！但是主妇们并不急于要把食物全部都吃掉。她们撵开孩子们，把一切能藏起来的东西都藏在罐子里、碗里和小桶里。存粮总会用得着的。光靠打猎是靠不住的。

气候温暖时期的到来就像这样又重新把人变为采集者了。这好像是倒退了

一步。但是实际上这并不是倒退一步，而是向前跃进了一步。人们从收集进到了播种，跨过了采集者和农夫之间的界限。

跟水果和浆果一起，妇女们还带回去谷类植物的种子——野生的大麦粒和小麦粒。她们把这些麦粒藏在罐子和筐子里。在装的时候，她们有时会掉一些麦粒在地上。有的麦粒就发芽生长起来了。播种是自然而然进行的。

起初，人们是在无意之间播下种，不过是偶然丢失了一些麦粒罢了。

后来，他们就故意地撒种子，故意地播种了。

许多民族还流传着埋葬种子和种子复活的神话——传说。

这些传说叙述一个姑娘和一个小伙子的故事，说他们活着走进死的王国，然后再以奇妙的方式回到人间来。

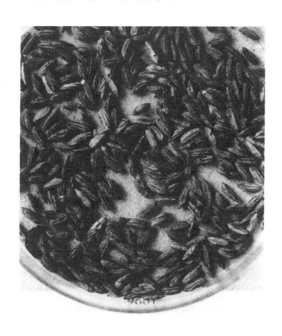

古时候，妇女们用末耙掘松土地，再把种子埋下去，她们相信，她们是在埋葬神秘的神明，这位神明将化成金黄色的麦穗，回到她们这里来。秋天，她们捆扎麦束的时候，她们对神明从地下回到世界上来感到高兴。

她们把最后一捆麦束放在地上之后，就绕着那捆麦束跳舞唱歌。这不是普通的舞蹈，这是巫术的仪式。

女人们赞美种子复活，并且请求土地永远对人们这样仁慈。

新事物里面的旧事物

甚至在本世纪初叶，在十月革命以前，在俄国的某些地方，妇女们在秋季收割完了之后，还庆祝"秋收节"。

她们给最后一捆麦束裹上头巾，穿上裙子。然后她们手牵着手绕着它跳舞，大声歌唱，让邻村都能够听见：

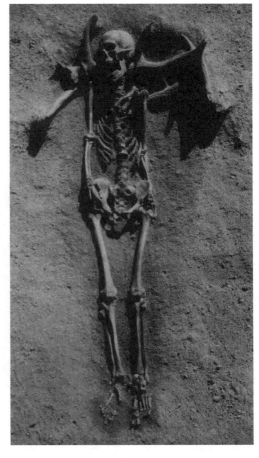

> 在我们的田里，
> 今天秋收完毕。
> 感谢上帝！
> 收完这一片地，
> 耕完那一片地，
> 感谢上帝！

这是一种粗野的沉闷的祈祷歌声，跟每天黄昏青年男女们在村子附近散步的时候所唱的歌不一样。

"秋收节"其实是从最早有农夫的那个时代遗留下来的古代的仪式。

这一类仪式，有许多在游戏和歌谣里一直传到现代。

孩子们拉着手唱道：

> 我们种粟，种下了，种下了，
>
> 唉地拉都，种下了，种下了……

这种歌唱游戏从前也是仪式。几千年来仪式的整个巫术的意义都消失了，只剩下娱乐的意义了。

还有云杉树哪！从前，云杉曾经是圣树。人们为了用巫术在冬天之后让春天回来，所以绕着云杉跳舞。

我们的孩子都喜欢装饰云杉树，假使你去告诉他们，云杉是圣树，他们一定会大笑起来。对于他们，云杉节[1]只是冬季里的一个快乐的节日，是学校放假的一个休息日。

许多古代的仪式、符咒、咒语还在孩子们当中苟延着残年，就像喜欢被孩子们围绕着的老年人一样。

> 小雨啊，小雨啊，别下了吧！
>
> 小雨啊，小雨啊，下大些吧！

孩子们唱这支歌，完全不是为了求雨或驱散乌云。他们知道，用咒语是唤不来雨的。他们唱这支歌，只是为了唱起来很快乐。

成人有的时候也不讨厌那些以前含着完全不同意义的游戏和歌曲。

在意大利和法国，直到如今还过"卡尔那瓦尔埋葬节"[2]。

在阿布鲁佐城，这个节日是像这样过的。

一群人在街上走着。掘墓人在前面抬着穿着花花绿绿的破衣裳、用草扎成的卡尔那瓦尔的尸体。掘墓人默默地、严肃地向前走着。每一个人的嘴里都衔着烟斗，衣袋里放着一只酒瓶。送殡队不时停下来，停下来的时候，掘墓人就喝几口酒，增

---

[1] 云杉节也译作枞树节，俄国人把基督教的圣诞节叫作云杉节，因为圣诞树都是用云杉做的。

[2] 卡尔那瓦尔俄语是 карнавал，法语作 carnaval，英语作 carnival，我国音意合译作"嘉年华会"，也称"谢肉节"或"狂欢节"，是欧洲民间的一个节期，在基督教封斋（从复活节前四十天开始）之前举行。因封斋期间禁止肉食，所以人们在这节期举行各种宴饮跳舞，称为"谢肉"。

加点儿气力。

装扮卡尔那瓦尔的妻子的一个女人在送殡队的前面走着。她一面装哭，一面向人群唠唠叨叨地诉苦，惹得人们大笑。

送殡队走到广场上了。广场中间点着一堆火。

掘墓人把卡尔那瓦尔丢在火里。草人在一片很响的鼓声中烧完了。那个时候，就开始举行狂欢。化装的人们在街上跑来跑去。乐队在广场上奏着乐，一对对男女旋转着跳着舞。

用这种礼仪来送葬的卡尔那瓦尔究竟是什么呢？

假使你拿这个问题去问快乐的掘墓人或者去问卡尔那瓦尔的"寡妇"，他们回答你说："古来的风俗是这样的。"但是这个风俗是从哪儿来的呢，他们却回答不出了。

几千年来，人们已经把仪式的意义忘记了。这意义是这样的。卡尔那瓦尔——这就是死亡，冬天它用白色的被单把田野遮盖起来。谁知道呢，它会不会永久地在世界上称霸？原始人丝毫没有把握，在冬天之后，春天会不会来临。他还不知道自然界的规律，他觉得每一个春天都是奇迹——都是自然界神秘的复活。所以人尽一切可能想用巫术的仪式来唤起这个奇迹。

把冬天埋葬掉，使春天复活，唤回田野里的花草和树木上的绿叶——为了这个，人们才跳舞、游戏，为了这个，他们才把冬天烧掉、埋葬。

古代的习惯和信仰就像这样在快乐的游戏里流传到现在。

可是它们不仅保存在游戏里。

人们在教堂的屋顶下举行隆重的复活节[1]祈祷仪式的时候，祈祷文里的古代巫术歌唱的回声也传到我们耳朵里来。

这种祈祷文和原始农夫的歌一样，也讲到死亡和复活。

那些在教堂的墙外面变成了游戏和跳舞的东西，在教堂里仍旧还是仪式。

---

[1] 复活节是基督教纪念"耶稣复活"的节日，规定每年过春分月圆后第一个星期日是复活节。

奇妙的仓库

　　妇女们用耒耜翻掘土地的时候，男人们也不是没事呆坐着。他们整天都消磨在狩猎上面，深夜，他们才背着猎获物回到家里。

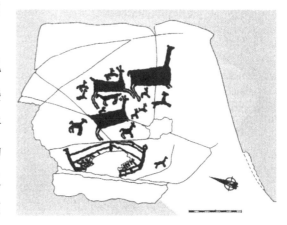

　　孩子们远远地望见自己的父亲和兄长的时候，奔跑着迎上去，为了要快些知道，这一天的打猎是否顺利。他们好奇地瞧着那弯弯的门牙凸出在嘴外边的鲜血淋淋的野猪的脸和像树枝一般分叉的鹿角。但是孩子最高兴的是猎人捉回来了活的野兽：胆小的小羊羔或者是弱小的没有角的牛犊。

猎人们并不立刻把这四条腿的俘虏杀死。他们把俘虏关在栅栏里，喂养它们，叫它们长大。如果自己的家旁边有牛犊在哞哞叫，或者羊羔在咩咩叫，猎人们就放心得多了。他们知道，即使打猎不顺利的时候，也不会没有肉吃的。现在他们的栅栏里面有存粮了，而且这种存粮还是会自己长大和增多的。

人起初饲养牲畜，只是为了要牲畜的肉和皮。他们并没有一下子就知道饲养牲畜的所有好处。猎人认为牲畜是自己的猎获物，而他是习惯于杀死猎物的。他们不大容易想到，留下活的牛或活的羊来，比打死它们划算得多。

吃牛的肉一次就得把牛吃完，喝它的奶却可以一连喝好几年。而且如果不把它杀死，那么从它的身上总的所得到的肉将更加多：每一头母牛每年都可以生下来一头小牛犊。

羊也是这样的。从它的身上剥下皮来是很容易的，但是一张皮毕竟没有多大好处。如果把羊皮留在羊身上，只剪它的毛，那么好处就大得多了。那样，从一只羊的身上就可以不仅取得一张皮，而可以取得十张皮了。

 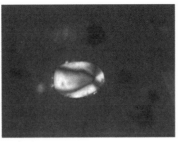 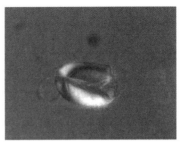

与其杀死四条腿的俘虏，倒不如赦了它的性命，然后要它纳贡，更加合算。

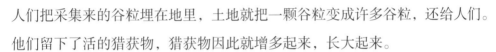

这一点人不是一下子就想到的。过了许多世纪，好战的猎人才变成了和平的牧人。

那么最后的结果怎么样呢?

人们把采集来的谷粒埋在地里，土地就把一颗谷粒变成许多谷粒，还给人们。

他们留下了活的猎获物，猎获物因此就增多起来，长大起来。

人对于依赖自然的感觉比从前少了。从前，他从来也不知道，他能不能够追到

和杀死野兽，也不知道他能不能够把谷粒采满一筐。自然界的神秘力量可能送来食物，也可能不送来。现在人学会帮助自然了：学会了种植谷物和饲养牛羊。妇女们不再需要到远处去寻找谷物，猎人们也不再需要到森林里去搜寻、追踪野兽了。

谷物就在家的附近生长，牛羊也就在那一带放牧。

人给自己找到了一个奇妙的仓库。可是更准确些说，他不是找到，而是用自己的劳动创造出来这个仓库的。

种田和放牧都需要土地。这土地必须用斧子和火向森林进攻去夺取过来；夺取过来之后，在播种前还要把土地翻松。这是多么艰难啊！

为了不依赖自然界，人克服了千千万万阻碍，好不容易才打出一条路来。新的劳动有它愉快的一面，也有它忧虑的一面：太阳可能晒枯庄稼，也可能炙焦草地和牧场上的青草；雨水可能使种子烂掉。

原始猎人曾经恳求野牛或者熊，求它们把自己的肉送给他。原始农夫恳求土地、天、太阳和水，求它们给他好收成。人们创造出来了新的神明。这些神明还很像从前的那些神明。他们还是按照旧习惯把新的神明描绘成野兽的样子或者兽头人身的样子。但是这些野兽都各有各的新名字，各有各的新任务：一只野兽叫作"天"，另一只野兽叫作"太阳"，第三只野兽叫作"地"。他们调遣光明和黑暗、雨雪和干旱。

我们的巨人长大了，变得更有力了，但是他还不知道自己的力量。他仍旧和从前一样地相信，他每天的食粮是天赐给他的，而不是他用自己的劳动得来的。

第九章

把历史的时针再向前拨

让我们把历史的时针再向前拨几千年吧。

在这个时期，地球有了什么变化呢?

一眼看上去，就看得出它的头顶已经秃多了。

从前，在它的白雪帽子的周围还有黑黑一圈茂密的森林呢! 现在那些森林都变得稀疏了，有许多地方，草原的宽阔的舌头伸进了森林里面去。这里那里，茂密的森林已经被有阳光普照着的空旷地挤开了。河流两旁和湖泊四周的森林都离开了水边，只在岸上留下一些芦苇和灌木。

但是那边，河湾的山丘上是什么东西呢? 在那片斜坡上好像扔着一条黄色的围巾……

这一块是被人手改造过的土地。在谷穗中间——有妇女的弯着的背。镰刀在很迅速地飞舞，刈着谷穗。

在这本书里，我们早已遇见过锤子了，而镰刀却是头一次看见。它丝毫不像现代的镰刀，它是用石头和木头制成的：在木头框子里装上石刀。

这片田地是地球上最早的田地中的一片。在没有被人手触及过的自然界里，这种黄色围巾还非常之少。杂草从四面八方向谷穗挤过来。那时候，人们还不会跟杂草搏斗。但是无论怎样还是谷穗胜利了，过了一个时期，它就会在大地上布满了金黄色的海洋。

河边的青草地上，远远看到一些很小的东西：有的白，有的黄，有的花。小东西在移动着，一会儿向四围分散开去，一会儿又聚拢来。

有的东西大一些，有的东西小一些，这是牛群、绵羊群和山羊群。这些经过人类用劳动改变和驯化过的动物还非常之少。但是这些动物比它们的野生的亲属繁殖得快，因为野生的动物是不得不自己照料自己的。

再过两三千年，地球上的野牛就变得比家牛少了。

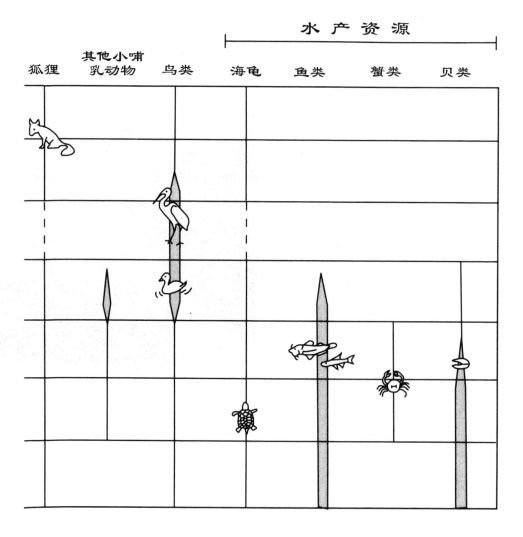

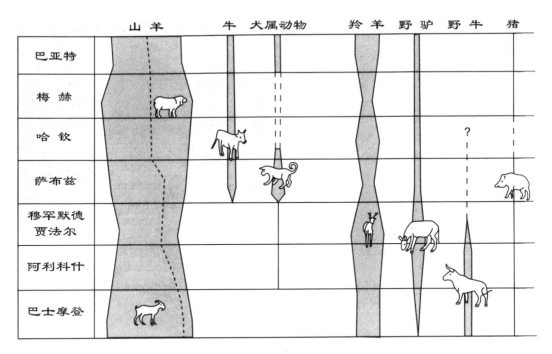

田地，畜群……这就是说，在这附近应该有村庄。喏，它就在那里——就在被河水冲刷的那个陡峭的岸边。这已经不是从前的那种猎人的营帐了。现在已经不再是木柱和树枝搭成的小茅屋，而是有两面斜屋顶的真正的木头房子了。房子的墙上涂抹着黏土，门的上面，一根梁木从屋顶下面伸出来，梁木上有一个用木头刻的有

角的公牛头。公牛是保护房子的神。村庄有高高的木栅和土墙围绕着。

孩子们在房子的附近游戏，母猪和小猪在泥淖里乱闹。从房子敞开着的门里可以看得见火光。一个老婆婆在火塘旁边烤饼，她把饼放在烫的灰上，扣上一只黏土罐子。这罐子就是代替我们的烤炉的！旁边的一条长凳上面搁着刻着花纹的木头制的钵和碗。

弥漫着烟、粪和新鲜牛奶的气味。这是我们从小就闻惯了的熟悉的乡村的气味！

让我们走出村庄，走到河边去吧。一只独木舟在岸边摇荡着。

如果我们沿着河岸走到河水的源头——湖那边去，我们在那里也可以找到村庄，可是样子和河边的完全不同。这个村庄不是在岸上，而是像一座岛一样，在水中央。

　　许多木头桩子打在湖底里。木桩上面安着圆木头，圆木头上面铺着木板。有小桥从岸边通到木头小岛上。房子的墙上挂着一些渔网和渔具。

　　显然，湖里多的是鱼！可是这个村庄的居民不仅依靠打鱼过活。在房子的中央可以看到用树枝编成的尖顶的谷

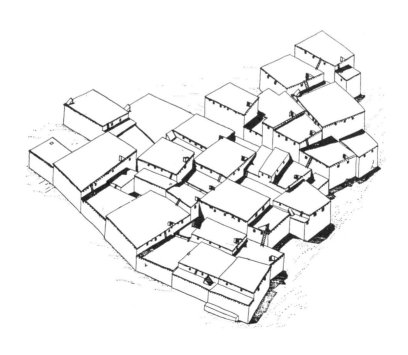

仓。谷仓里面存着谷物。谷仓旁边的牛栏里有牛在哞哞叫着。

这个古代的村庄在我们想象中这样清楚，实际上却早已消失了。水淹没了那从前曾经建立房子的地方。怎么能在湖底里找到房屋的残余呢？这好像是不可能办到的事。但是有的时候，湖泊自己让开来，把它保存了许多世纪的东西展现在我们眼前。

湖的故事

1853 年，在瑞士发生了一次大旱灾，盆地里的江河都变浅了。湖水从岸边向后退却，露出了积着淤泥的湖底。位在苏黎世湖畔的奥伯梅仑镇的居民决定利用干旱，向水夺取一块土地。

为了这个，必须筑一道堤，把从水底里露出的一块土地和湖隔开。

人们开始在湖上干起来。在那每逢星期日总有盛装的城里人乘了蓝色和绿色的小艇划行的地方，现在有赶车的在吆喝着马，往堤坝上运土。土就从新变成了陆地的湖底上取。突然有一个掘地工人的锹碰到一根半腐烂的木桩。紧跟着第一根木桩，

又找到了第二根、第三根。显而易见，从前不知什么时候，人们已经在这个地方干过活。铁锹几乎每挖一下，都有石斧、鱼钩和罐子的碎片从土里翻出来。考古学家们来接办这件事情了。他们研究了每一根木桩，每一件从湖底找出来的东西，然后在书本上重新建造起古时候曾经耸立在苏黎世湖上的那个木桩村。

现在，这种村庄找到的有许多了。

不久以前，考古学家们又在瑞士研究了另外一片湖——纽沙特尔湖。他们在湖底挖了几处截面，发现湖底是由许多地层构成的。

就和馅饼的面粉和馅儿很容易分辨出来一样，这里也可以毫不费力地把一层一层的地层分辨出来。下面是一层沙，沙层的上面是一层淤泥，里面夹杂着住屋的残余、食器和工具，淤泥上面又是一层沙。像这样重复了许多次。只有一个地方，在两层沙之间夹着厚厚的一层炭。

这些地层是怎样形成的呢？

沙可能是被水冲来的，可炭是从哪里来的呢？

显然，火也在这里参加过工作。

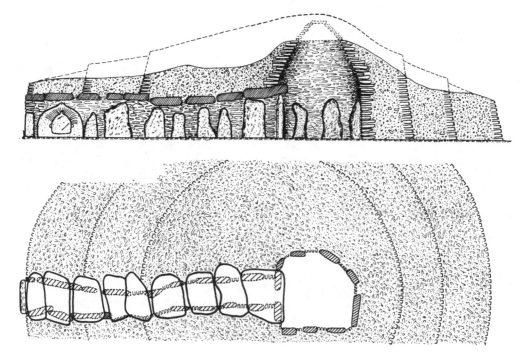

科学家研究了地层之后，知道了湖的全部历史。在很久很久以前，人们到湖边上来，在湖岸上建起自己的村庄。后来，过了许多年，湖水泛滥，淹没了湖岸。

人们扔下被淹没的村庄，走了。建筑物在水里渐渐腐烂、倒塌。在从前燕子呢喃着的屋顶上，现在有一群群的小鱼来往。长着牙齿的梭鱼摆动着它的鳍，从敞开着的房门里游出游进。虾在火炉旁的板凳下面弹动着它们的触须。废墟被淤泥埋没了，沙又遮盖了这一切。

可是湖并不是永久不变的。水一点一点退下去，露出了湖底。那曾经有过村庄的沙地又面世了。但是村庄已经看不见了，只留下了它的废墟深深地埋藏在沙层下面。

人们又来到了岸边。斧子又敲打起来了，白色卷曲的刨花飞到了黄色的沙地上。坚固的新房子一座接一座地在岸上耸立起来。

人和湖之间的斗争就像这样祸福无常地斗争着。人们建设起来，而湖水又把它毁坏掉。

最后，人们厌倦了。他们不再居住在岸边，而把高高的木桩打进湖底去，住在水上面了。他们从地板的缝里可以看见水在自己的脚下很深的地方。现在他们已经不再害怕水了。随它去涨吧，反正它是够不到地板的。

在那远古时代，在人们住在洞穴里的时候，他们是不怕火的。洞穴的石壁不会烧掉。但是随着最初的木头房子，最初的火灾也一同到来了。

几千年以来，红色的火兽一直是驯服地听从着人类，现在却伸出了它的利爪。

在纽沙特尔湖湖底找到的厚厚的炭层——这是古代大火的遗迹。

那个时候，湖上真是可怕极了！人们为了保全性命，紧紧地搂着孩子，跳进水里去。吓疯了的牲口用恐怖的声音狂吼着、惨叫着。但是人们已经没心思去顾到它们了。

木头村庄像一堆大篝火似的燃烧着，向四面八方喷射着火星。

火灾对于住在村庄里的人们是大灾难。但是那烧掉了他们的房子的同一个火却为我们、为我们的博物馆保留了最宝贵的东西：木器、渔网，甚至于还有植物的种子和茎秆。

这真是奇迹，毁灭者——火怎么会把它不费吹灰之力就能烧掉的东西保留给我们呢？

事情是这样的。

东西烧着了之后，就掉到水里去。水保护了它们，把火扑灭。东西未受损害地落到湖底上。在湖底，遭受到另外一个危险：它们可能烂掉。但是它们曾经在火里待过，表面已经炭化了。那薄薄的一层炭保护它们不致腐烂。

假使火和水个别地行动的话，它们就会把东西消灭掉。但是它们一起行动，所以甚至像几千年前所织的麻布块那么不结实的东西，它们都为我们抢救了下来。

最初的布

最初的布不是用织布机织成的，而是用手编成的。

现在的爱斯基摩人还不是织布，而是编布。他们把纵线——经线——绷在框子上。再把横线——纬线——不用什么梭子，就用手指穿过经线。

看那绷着线的框子，很难想象出我们现在的织布机来。但是不管怎样，织布机的家谱还得从这简单的方木框子讲起。

在湖底找到的炭化的、变黑了的破布块向我们说明人类生活中的一件很重大的事件。从前穿兽皮的人，现在在田里种出了麻来，用麻给自己做了人造兽皮。

在布诞生之前几千年就面世了的针，不再缝兽皮，而开始缝一块块的粗麻布了。

那布满了淡蓝色小花朵的麻田给妇女们带来了多少新的辛苦和操心啊！

手刚刚放下镰刀，来不及休息，就得去拔麻了——把麻连根从泥里拔出来。然后把麻晒干、洗净，又重新晒干。但是这还没有完，要把晒干了的麻用柔麻器搓软，用梳子理整齐。最后把白色的麻丝跟乡下孩子的头发一样洗净，梳好了。现在就旋转纺锭把麻丝纺成麻线。只是在这以后才可以开始织布。

妇女们为了粗布忙了一阵，可是现在她们有了漂亮的头巾和饰着华美的穗子和花边的裙子了。

最初的矿工和冶金工人

现在，在每一家都可以随便找到多少用人造材料制成的东西——人造材料是指在自然界里找不到的材料。

自然界里没有砖头，没有瓷器，没有钢铁，也没有纸张。为了制成瓷器或者钢

铁，人必须拿天然的材料加以改造，改造到认不出原来是什么东西了。

铁是矿石炼成的，难道铁像矿石吗？

瓷器是黏土制成的，难道在那薄而透明的瓷碗上，能够认出一点儿黏土的痕迹来吗？

还有像混凝土、玻璃纸、塑料、人造丝、人造橡胶这样一些材料！难道在山里找得到混凝土构成的岩石吗？又从哪儿去找能把木头造成丝的蚕呢？

人掌握了材料之后，就越来越深入地闯进自然界的工厂里去了。他从用石头砍石头开始。现在他用微小得连在显微镜下都看不见的分子来做工具了。

这个工作在很久很久以前就已经开始了，远在化学——关于物质的变化、成分和构造的科学——出现之前就开始了。人

差不多完全不了解自己的行动，他摸索着学习改变物质。

最初的陶工在烧黏土的时候，他们自己并不知道，这是掌握了一种物质。这是一件不容易的事。微小的分子是不能像改造石头那样地用手来改造的。这里需要的不是手的力量，而是能够改变物质的另一种力量。

人用火来做自己助手的时候，他就找到了这种力量。火把黏土烧成陶器，把面粉烤成面包。火炼出了铜。

我们在湖底找到了最早的铜器，跟石器埋在一起。

几十万年以来一直用石头制造工具的人，怎么突然学会了用金属来制造工具呢？并且，他在哪里找到金属的呢？

我们在森林和田野里散步的时候，我们一块铜也看不见。在我们的时代，天然的铜是非常稀少的东西。但是从前却不是这样。几千年以前，天然的铜比现在要多

得多。它在人们的脚下踢来踢去，没有人去注意它。他
们是用燧石制造工具的。

只有到了燧石不够用了的时候，人们才注意到天然
的铜。

燧石之所以会不够用，是因为人们不珍惜它。他们
干活的时候，把整堆的已经不适用的燧石碎块和碎片堆
积在自己的周围。就像现在，可以从狼藉堆在周围的木
片上辨认出木工的作场来一样。

几十万年以来，燧石的储藏量已经消耗得不少。

地球上的某些地方开始闹燧石荒了。那时候，这是
一个很大的灾难。

你想象一下看，假使我们的铁不够用了，我们的工
厂和作坊都该怎样啊！为了搜寻铁，我们一定不得不更
深更深地钻到地球的深处去，从那里取得铁矿石。

古代的人也像这样做。他们着手挖矿了——那是世界上最早的矿井。

古代的矿井有十到十二米深，有的时候在矿层里发现石灰石；因为燧石和石灰
石是常常在一起的伴侣。

那个时候人们到地底下去干活是很害怕的。要攀着绳子或者有斧痕的木柱降到
矿井里去。底下又黑暗又有烟，人们在松明或者小油灯的光亮下干活。在现代是用
木头来撑牢矿井和坑道，免得发生危险，而那个时候，人们还不会撑牢地下坑道的
壁和顶。石块坍落下来把人们埋葬在里面的事情是常常发生的。考古学家时常在古
代燧石矿的石灰石块下，发现惨死的矿工的骸骨，旁边丢着他们的工具——用鹿角
制的镐头。

有一个地方找到了两具骸骨：一个成年人和一个小孩子。显而易见，是父亲带
了儿子去干活，就这样一去没有回家。

燧石越来越少了，越来越难找到了。而燧石是人必需的东西，像是斧子、刀子
和耒耜，都要用燧石来制造。

应该找点儿什么别的东西来代替它才好。

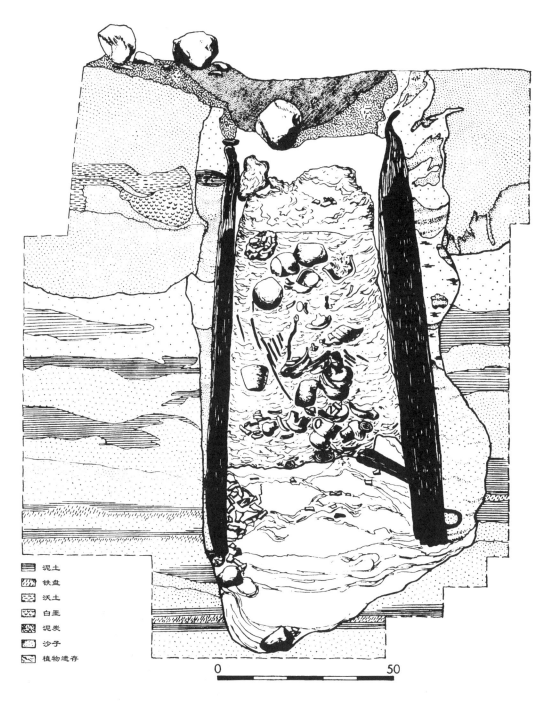

泥土
铁盘
沃土
白垩
泥炭
沙子
植物遗存

0　　　　　　　　　　50

　　这个时候，天然的铜就来帮忙了。人们开始研究它了：这种绿色的石头究竟是什么东西，它有没有什么用处呢？

　　人们拿了一小块铜，着手用锤子锤打它，他们认为铜是石头，所以就试着像改造石头一样来改造它了。铜块在锤子锤打之下，变得更坚硬，而且还改变了形状。

但是要打得得法，如果打得太重，铜就会变脆，碎成一块块儿的。

人就像这样开始了锻打——加工——金属。不错，这是冷加工。但是冷加工离热加工也就不远了。

有的时候，一块天然的铜或者一块铜矿石偶然掉在火堆里。也许，人也曾经故意试着像烧黏土一样去烧铜。火熄了之后，在火塘的石头中间留下了一块熔成的铜饼。

人们惊奇地瞧着自己亲手造出来的"奇迹"。他们以为：这不是他们自己，而是"火神"把黑绿色的石头变成了光亮的红铜。

他们把这块铜饼切成小块儿，用石锤把这些小块儿打成了斧子、镐头和短剑。

像这样，人在那奇妙的仓库里，又找到了铿锵光亮的金属了。他扔到火堆里去的是矿石，回到他手里的是铜。

这个奇迹也是人类的劳动创造出来的。

劳动历

我们习惯了用年、世纪和千年来量度时间，但是那些研究古代人类生活的人却不得不用另外一种历法，另外一种量度时间的方法。我们不说"多少多少千年前"，而说"旧石器时代""新石器时代""青铜时代""铁器时代"。这不是日历而是劳动历。

它表明，人在自己的旅途上已经走到哪一个发展阶段，走到哪一站了。

在我们普通的日历里，有大的和小的量度时间的尺度，如世纪、年、月、日、小时。

在劳动历里也有大的和小的尺度。比如,可以说"石器时代、打制石器时期",或者"石器时代、磨制石器时期"。

劳动历和日历是不相符合的。直到如今,地球上有的地方还有用石器干活的人。在波利尼西亚,现在还可以找得到用木桩建造在水当中的村庄。

这是因为在地球上,各地的人并不是都用同样的速度在发展的道路上前进的。澳洲以前一直和世界的其他部分隔绝,落后了,因为它好像离开人类经验的大河靠边站了。

欧洲就不是这样。假使在某个地方出现了最初的铜斧或者最初的陶盆,它们就会逐渐从一个部落传到另外一个部落去。

人们乘了独木舟,沿着河流从这个村庄划到那个村庄去,为了用铜去换琥珀,用兽皮去换麻。一个部落燧石比较多,另一个部落鱼多,第三个部落的陶器最出名。木桩村庄的居民在湖上的某个地方迎接那些带着自己的制品来交换的客人。

随着制品一起,经验和新的劳动方法也就从一个部落传到另一个部落去了。

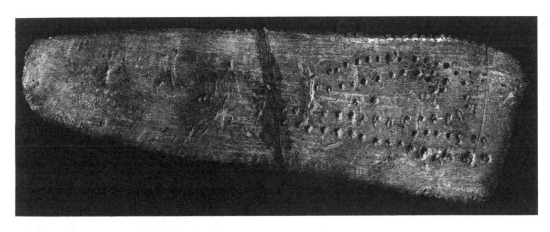

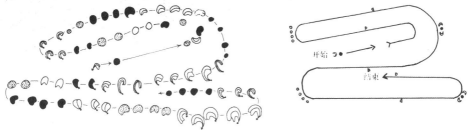

那时候，人们不得不常常回到手势语言上去，因为发音的语言每一个部落都是不一样的。

尽管这样，客人们走的时候，不仅把其他部落的东西带走，而且还把他们在不知不觉中模仿的其他部落的语言也带走了。

各部落的方言就像这样交流、混合起来了。

和语言不可分离的思想也就随着语言一同交流、混合起来了。其他部落的神明和自己的部落的神明并排站在一起。从许多不同的信仰逐渐形成以后整个民族的宗教的信仰。

神明到处旅行。到一个新的地方，人们往往给它起一个新名字。但是很容易把它们认出来。

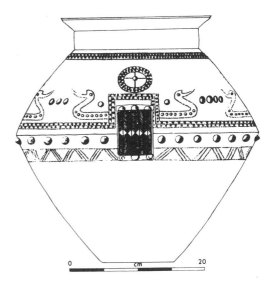

我们研究古代民族的宗教，认出了巴比伦的塔木兹[1]、埃及的奥西里斯[2]和希腊的阿多尼斯[3]都是同一个神。这还是那个死而复活的古代农夫的神。

有的时候，我们可以在地图上指出来，神明曾经怎样旅行。

比如说，阿多尼斯是从叙利亚、从住着闪米特人[4]的地方来到希腊的。"阿多尼斯"这个名字自己就说明了这一点。在闪米特人的语言里，这个词的意思是"主人"。希腊人把他们不懂的词变成名字了。

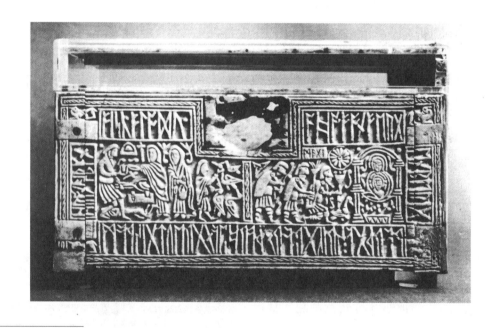

---

[1] 塔木兹是巴比伦神话里的农神，被妻子伊什塔尔所杀，后来由下界送回，死而复生。

[2] 奥西里斯是古埃及的植物神、尼罗河水神，又是阴间的主宰神。据古埃及神话，奥西里斯原来是地上的王，教人农耕，后来被他的弟弟塞特杀害。他的妻子伊西丝、儿子荷拉斯觅得尸体，使他"复活"，后来做了阴间的王。

[3] 阿多尼斯在希腊神话里是爱神阿佛洛狄忒所恋的美少年，打猎的时候受伤死去，爱神异常悲痛。诸神深受感动，特准许他每年复活六个月，这时大地回春，草木欣欣向荣。

[4] 闪米特人，旧译"闪族"，指西亚和北非说闪语的人。古代闪米特人包括巴比伦人、亚述人、希伯来人、腓尼基人等。

东西、语言和信仰就像这样互相交换着。

交换不会永久进行得很顺利，没有一点儿冲突的。既然"客人们"能够用武力抢去铜、布和粮食，他们是不会讲客气的。交换本来就时常是欺骗，索性就变成了白昼的掠夺了。客人和主人抓起武器来打作一团，靠格斗来解决争执。

难怪村庄变得像堡垒了。人们把村庄用土墙和栅栏围起来，以防不速之客。

他们对其他部落的人绝对不信任。每一部落的人都把自己部落的人叫作人，其他部落的人就不算是人了。他们叫自己部落的人是"太阳的孩子们""天的臣仆"，却给其他部落的人起一些毫不礼貌的诨名和绰号，这种诨名和绰号往往以后就变成那一个部落的名称了。

比如说，印第安人直到如今还有一个"灰鼻子"部落和"歪心眼儿人"部落。

这些部落未必会给自己想出这样难听的绰号。他们对于其他部落，连抢光杀光都不算是罪过的。

这种仇视别的民族的古代憎恨的残余，竟然在现代还可以遇到，这真是奇怪极了。在铁器时代，甚至于在铝器时代和电气时代，居然还有人在宣传着仇视别国人和憎恨别的种族。他们认为自己才算作人，照他们的意思，其他种族的人都不是人，而是些低等生物。

仇视别的人，仇视外族人，仇视别的部落和别的种族的人——这是古代原始情感和原始信仰的残余。

历史告诉我们，地球上没有高等民族和低等民族的分别。只有在文化发展道路上走在前面的民族和落在后面的民族。依照劳动历来说，不是所有的同代人都是同一个时代的人。

在十月革命以前，俄国所有的民族并不都是同样地发展的。有的已经是在机械时代了，有的还在用原始的木犁耕地，用原始的织布机织布。甚至于还有这样的民族，他们用骨头制造工具，不知道铁是什么东西。

欧洲的殖民者在发现了居住着石器时代人们的岛屿的时候，他们不明白，或者不愿意明白，现在的波利尼西亚人就是过去的欧洲人。

第十章

两种法律

曾经不止一次，旅行者乘了他们的大船不仅发现了新地方，还发现了早已被遗忘的时代。

欧洲人发现澳洲的时候，对于他们，这是个很大的成功——找到和占领整个的一片大陆。

但是对于澳大利亚人，这却是个真正的不幸。按照劳动历来算，澳大利亚人还住在另外的一个时代里呢。他们不懂欧洲人的风俗习惯，也不愿意遵守欧洲人的秩序。因此他们就被欧洲人迫害和追击，像迫害和追击野兽一样。

当时澳大利亚人还住在小草房子里，而欧洲的都市里却已经矗立着高大的建筑物。澳大利亚人还不知道什么是私有财产，而在欧洲，却为了人们打死了别人的森林里的一只鹿，而把他们捉去关在监狱里。

澳大利亚人认为是合法的事情，欧洲人认为是犯罪。

澳大利亚猎人在路上遇见了一群绵羊，他们就欢天喜地高声喊叫着，把这群绵羊包围起来，于是长矛和回力镖就从四面八方投到受惊的绵羊身上去。但是这一回，欧洲的农场主人和他们的骑枪却要来干涉了。

在欧洲的牧主看来，绵羊是他的私有财产，在原始的澳大利亚猎人看来，绵羊是运气好捡到的东西。"绵羊属于购买它或者喂养它的主人"——这是欧洲人的法律。"野兽属于追击它的猎人"——这是澳大利亚人的法律。

澳大利亚人遵照他们自己时代的法律，欧洲人竟开枪射击他们，就好像他们不是人，而是一些钻进了羊圈的狼似的。

澳大利亚妇女在某处找到一片种植着马铃薯的田地的时候，也会发生两种法律的冲突。妇女们不假思索地着手用木棍挖掘那些美好的块茎。那么多可以吃的块茎——而且还聚集在一个地方，那可不是开玩笑！澳大利亚妇女们平时搜集一个月，也没有在这里一小时搜集到的食物多。

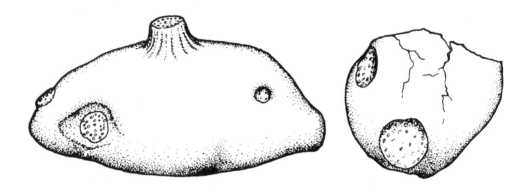

但是这个好运气的事情，结果对于她们竟是个极大的不幸。枪声响起来了，妇女们和她们背着的口袋一同倒下去，但是她们始终不明白，究竟是谁在开枪，为什么要打死她们。澳大利亚人比欧洲人落后了几千年，就为了这个原因，他们不得不倒霉。

在发现美洲的时候，也曾经有过这种两个世界的斗争。

发现美洲

发现美洲的欧洲人以为他们是发现了一个新世界。

哥伦布获得了一枚刻着这样题词的奖章：

为了卡斯提尔和雷翁[1]。

哥伦布发现了新世界。

但是这个"新世界"实际上是个旧世界。欧洲人自己竟不知道，他们在美洲找到了他们早已忘记了的他们自己的过去。

从大洋那边来的人觉得印第安人的风俗习惯是野蛮的，是莫名其妙的。印第安人的房子和欧洲的也不一样，印第安人的衣服和欧洲的也不一样，印第安人的秩序和欧洲的也不一样。

居住在北方的印第安人用石头和骨头制造他们的棍棒和矛头。至于铁，他们连想象都想象不出来。他们已经会种地了：种玉米，在田垄上栽培南瓜、豆子和烟叶。但是他们主要的事业是打猎。他们住在木头房子里，用高高的栅栏把自己的村庄围起来。

往南一些，在墨西哥，印第安人有铜制的工具，金制的装饰品，用没有烧过的砖造成的、涂着石膏的大房子。

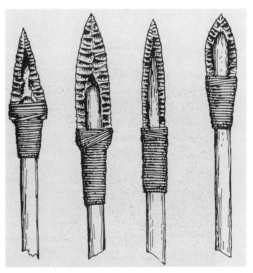

美洲的最初的殖民者和侵略者在自己的日记里详细地准确地描写了这一切事情。

但是描写东西比描写秩序要容易得多。

美洲的秩序是非常奇怪的，欧洲人根本就不理解，所以他们讲到那些秩序的时候，又杂乱，又含糊其词。

[1] 卡斯提尔和雷翁都是西班牙当时的王国名。

　　"新世界"是个没有金钱、没有商人、没有富人也没有穷人的世界。在印第安人中间有一些部落已经和黄金打过交道了，但是他们并不知道黄金的价值。

　　哥伦布的水手们头一回看见的印第安人，鼻子里穿着金棍子，脖子上套着金项圈。但是他们随随便便地用这些黄金去交换小珠子、铃铛和破布头。

　　从海外来的人已经习惯了这样想，世界上所有的人都分成主人和奴仆、地主和农民，但是这里的人全是平等的。印第安人俘虏了敌人的时候，他们不把俘虏当作奴隶或仆人看待，而把他杀死或者收养他做儿子。

　　这里没有私人的城堡、房屋和财产。人们住在叫作"长房子"的公共房子里。整个氏族的人都住在一起，管理着共有的经济。土地不是属于个别的人，而是属于整个部族。这里没有在别人的土地上干活的农奴，这里所有的人都是自由的。

光是这一点就足够使住在封建、农奴时代里的欧洲人莫名其妙了。但是还不止这一点。

在欧洲，每一个人都知道，假使他拿了别人的私产，他就会被警察抓住衣领，直截了当地送进监狱里去；这里却既没有私产，也没有警察，也没有监狱。虽然这样，这里仍旧有他们自己的某种秩序。人们保护这个秩序，但是并不像欧洲那样保护。

在当时的欧洲，政府关心不让穷人抢劫富人的私产，叫仆人听从主人，叫农奴替地主干活。

这里的人却保护他的同氏族和同部落的人。假使有人被打死了，整个氏族的人都去为被杀的人报仇。但是有时候，事情也可能和平解决：凶手的同氏族的人来请求宽恕，送礼物给被杀的人的同氏族的人。

在欧洲有皇帝、国王、公爵。这里既没有国王，也没有王位。部落的一切事情由首领会议来解决，会议的时候，整个部落的人都要到场。有功劳的人才被选作首领，如果他们事情做得不好，就撤换他们。首领根本不是高踞在同部落人头上的主

宰。"首领"这个词儿，在某几种印第安人语言里，就是"讲话人"的意思。

在旧世界里，一国之主是国王，一家之主是父亲。人们最大的集团是国，最小的集团是家。国王审判和惩罚臣民，父亲审判和惩罚孩子。国王把国家传给儿子，父亲把家产传给儿子。

这里，在这个新世界里，父亲没有管儿子的权力。孩子属于母亲，一直跟随着母亲。在"长房子"里的一切都操纵在妇女的手里。欧洲人是儿子都留在家里，女儿从窠里飞散到各处去。这里却正相反，不是丈夫把妻子娶到家里来，而是妻子把丈夫娶到家里来。家里的主权也是属于妇女的。

有一个旅行家讲道：

> 一般地都是妇女管家，而且当然，大家都牢牢地保持在一起。存粮是公众的。但是那不能常常带猎获物回去的倒霉的丈夫可没有好日子过！无论他有多少儿女或者在这个家里有多少财产，他每一分钟都可能受到卷起铺盖滚蛋的惩罚。如果他想不听从的话，那么他更要倒霉了。他在家里会感觉到没法待下去。除非有什么姨母或祖母出面来给他说情，否则他就得回到自己的氏族里去，或者和别的氏族的妇女结婚。妇女们是有权有势的。如果她们认为，照她们的说法，必须把首领头上的"角敲下来"，意思就是

把他又当作一个普通的战士，她们毫不迟疑。选举首领的权利也是永远操在她们的手里的。

在旧世界里，妇女是服从男人的。在印第安人那里，她却是一家之主，有的时候甚至于是一个部落之主。我们都读过普希金的一篇小说，里面描写一个美国人约翰·特耐尔怎样到了印第安人那里去，在那里遇见了些什么事情。事实上真有过这样一个约翰·特耐尔。他被印第安人俘虏了去，一个名叫涅特·诺·夸的妇女把他收养做儿子。她是奥塔瓦部落的首领。她的船头上是老挂着旗子的。涅特·诺·夸到英国堡垒去的时候，英国人还放礼炮欢迎她呢。不仅印第安人，连白人都对这个妇女怀着敬意。

难怪在这种秩序下，人生下来不从属于父亲，而要从属于母亲了。在欧洲，儿女姓父亲的姓，这里的孩子却继承母亲的氏族的名字。假使父亲是"鹿"族人，母亲是"熊"族人，那么孩子就算是属于"熊"族的。每一个氏族都是由妇女和她的儿女、她女儿的儿女和她孙女的儿女组成的。

欧洲人对于这些事情都不理解。他们把印第安人的风俗习惯说成是野蛮的，把印第安人叫作野蛮人。

他们忘记了，他们自己在弓箭时代、在最初的独木舟和最初的耒耜时代的秩序也是这样的。

最初的殖民者和侵略者在自己叙述美洲的记载里，把氏族的首领描写成了领主和地主。他们认为首领这个名称是官职，图腾是徽章。在他们的眼睛里，首领会议

变成了上议院，最高的军事首领变成了
国王。这简直就等于我们现在把军队司
令称作国王一样的错误。

几百年来，美洲的白种居民不能够
理解美洲土著居民的风俗习惯。一直到
美国人摩尔根[1]在他的著作《古代社会》
里再度发现美洲为止。摩尔根证明了易
洛魁人和阿兹特克人的氏族生活方式是欧洲人早已经过了的阶段。

但摩尔根是在 1877 年写成他的著作的。我们所说的是最初侵略美洲的人。

---

[1] 摩尔根（1818—1881），美国民族学家和原始社会史学家，代表作《古代社会》一书出版于 1877 年。

白种人不理解印第安人，印第安人也同样不理解白种人。印第安人不能理解，为什么白种人为了一小撮黄金就会打得头破血流。他们不能理解，白种人为什么要到美洲来，"占领别人的土地"这句话究竟是什么意思。

按照原始人的信仰，土地是属于整个部落的，而且由保护神保护着那片土地。夺取别族的土地就是触怒别族的神明。

印第安人有的时候也打仗，但是他们战胜了邻居部落的时候，并不奴役那一个部落的人，不强迫那个部落遵守自己的秩序，也不更换那个部落的首领，仅仅向那个部落征收贡物。只有自己氏族或者自己部落里的人才能够更换首领。

于是这两种世界、两种制度就冲突起来了。征服美洲的历史是两种世界的斗争史。

用来作为例子，我们在这里回忆一下西班牙征服墨西哥的历史。

一错再错

1519 年，在墨西哥的海岸边出现了一大队船——一共有十一艘三樯战船。这些战船有大肚子似的船身，船头和船尾高高地翘起在水面上，大炮从方形的舱口向外窥探，沿着船舷，排立着士兵们的长矛和毛瑟枪。司令船的船头上站着一个宽肩膀、长着一大把胡子的人。他的眼睛机警地望着那平坦的海岸和聚集在岸边的一群半裸的印第安人。

站在司令船上的人，名叫埃尔南·科尔特斯[1]。他是被派来征服墨西哥的远征军队长。不错，他口袋里放着一封西班牙总督撤他的职的命令，但是对于像科尔特斯这样的一个不顾前后的探险者，一道撤职命令算得了什么呢！无边无际的海把他和西班牙隔开了。在这里，在这些船上，他觉得自己是个国王。

战船抛了锚停了下来，科尔特斯在沿途岛上捉来的印第安奴隶开始把沉重的炮身、炮架、装着东西的箱子和一捆捆毛瑟枪卸装到小船上去。甲板上牵出了惊骇得直立起来的马匹。把它们从船舷上牵下来运到岸上去是挺困难的。

印第安人惊奇地看那些浮在水面上的房屋，看那些把身体藏在衣服里的白色皮肤的人和他们的奇怪的武

---

[1] 科尔特斯（1485—1547），西班牙殖民者。1519 年率领几百名暴徒侵入特诺奇提兰（现在在那里建立了墨西哥城），用野蛮手段残害阿兹特克人。1521 年，建立西班牙在墨西哥的殖民统治。

器。但是最使他们惊愕的是那些长着毛茸茸的鬣毛和尾巴的、嘶叫着的大野兽，这种怪物他们从来没有看见过。

　　关于白种人来到的消息很快传遍了整个海岸，又传到了内地和山里去。在那山壁后面的盆地里，许多村庄——普韦布洛[1]——里居住着阿兹特克部落的人。其中最大的普韦布洛是特诺奇提兰。它在湖的当中，有桥梁通到岸上去。远远地就可以看见用石膏刷白了的那个部落的漂亮的房子和镀了金的庙宇屋顶。阿兹特克的军事首领蒙提楚马和他整个氏族住在最大的那所房子里。

　　蒙提楚马得知白人来到的消息后，召集了首领会议。首领们想了很久，究竟怎样办才好。主要是要弄明白，白种人为了什么到这里来，他们要些什么。

　　根据别的地方传来的消息，首领们知道，白人喜欢黄金。于是会议就决定：给白人送一份厚厚的礼物去，请他们回到自己的土地上。

　　这是一个无法挽回的大错。黄金只能燃起白人的贪心。但是阿兹特克人不知道

---

[1] 普韦布洛（pyeblo），西班牙语称美洲印第安人的村落的名字，这种村落由梯形多层平顶的整所城堡式的结构组成。

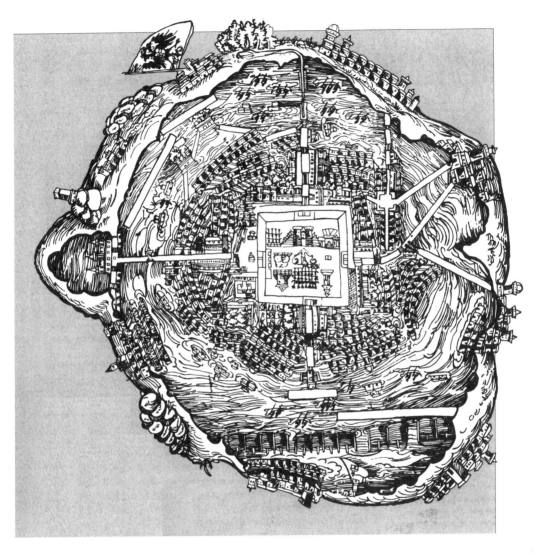

这一层，也不可能知道。因为印第安人和白人是不同时代的人。

使者们出发了，他们带去了车轮那么大的黄金圈、金饰物、金人和金兽。

假使他们把这些财富都埋藏在地底下，那才算做得聪明得多哩！

科尔特斯和他的伙伴们看见了黄金，阿兹特克人的命运就算注定了。使者请求科尔特斯回到海外去，他们用路途的艰难和危险来恐吓不速之客，但是徒劳无益。

从前，西班牙人只不过风闻墨西哥有黄金，现在他们是亲眼看见黄金了。他们的眼睛都红了。这样看来，传说是真实的。

他们觉得使者的要求真是太可笑了。目的快要达到了，难道还回到海外去！这岂不是发疯！

西班牙人在路上遭受了多少艰难困苦啊！那啃断牙齿的干面包，拥挤的船舱里的硬板床，在那些涂了焦油的船具之间的艰苦的活儿，风暴和暗礁——西班牙人忍受这一切，就是为了财富，为了他们夜夜梦见的财富。

科尔特斯下令开拔。奴隶们的背上背着武器和给养。那些变成了驮东西的牲口的人们一路上呻吟着，慢慢地走去。怎么能够不走呢！落后的人被剑赶着，不服从的人被砍掉头。

现在还保留着一幅图画，在这幅画上，阿兹特克人自己描绘了那一次的行军。人们分作三行走，大腿上绑着绳子。有的人背上背着大炮炮架的轮子，有的人背着一捆毛瑟枪，有的人背着一箱东西。一个西班牙军官把一根木棒高举在印第安人的头上。另外一个西班牙人抓住了一个印第安人的头发，用皮靴尖踢他的肚子。旁边是山岩，山岩上有十字架形的刑具。

侵略者自认为是"仁慈的天主教徒"。他们把十字架也背到侵占的土地上去了。

在那幅画上，到处都是被砍下来的印第安人的头和手。

这样，自由的印第安人初次知道了，什么是人奴役人。

西班牙人一步一步地向前走去。最后，他们从山顶上看见了湖和湖中间的城。

西班牙人进了城。他们做的头一件事就很不礼貌。他们把他们认为是主人的人——军事首领蒙提楚马抓了去。

在科尔特斯的命令之下，蒙提楚马被戴上了镣铐。西班牙人坚决要求俘虏宣誓对西班牙国王效忠，于是，俘虏顺从地重复了一遍别人命令他重复的所有的词句。他根本不懂得，什么叫作国王，什么叫作宣誓。

科尔特斯认为自己是胜利者，他以为，他把墨西哥的国王俘虏了，被俘的国王把自己的政权交给了西班牙国王。这就是说，一切事情办妥当了。科尔特斯以为是这样，其实他大错特错了。他不懂得墨西哥的秩序正跟蒙提楚马不懂得西班牙的秩序一样。他以为蒙提楚马是国王，实际上，蒙提楚马只不过是个军事首领罢了，而军事首领是无权处置自己的国土的。

科尔特斯把自己认作胜利者，未免过早了。

阿兹特克人做出了科尔特斯没有预料到的事情——他们选了新的首领——蒙提楚马的兄弟。

新首领率领了部落里的全体战士去围攻西班牙人所占据的大房子。

西班牙人用大炮和毛瑟枪射击。

　　阿兹特克人扔石头、射箭。炮弹和枪子比箭和石头厉害，但是没有力量可以阻止阿兹特克人，他们是为了自己的自由而战。成十个人倒下来了，成百个人涌上去接替他们。哥哥为弟弟报仇，舅舅为外甥报仇，谁也不怕死。对阿兹特克人来说，在氏族以及整个部落遭受到危机的时候，个人的生命又算得了什么。

　　科尔特斯看看情形不好，就决定跟阿兹特克人谈判。他以为，最好是叫蒙提楚马做调停人。蒙提楚马是国王，让他来命令自己的臣民放下武器吧。

　　西班牙人把蒙提楚马的镣铐解了下来。他走到房子的平顶上，但是他被同族人认为是懦夫和判徒。石头和箭向他的身上飞去，喊声从四面八方传来。

住嘴，没出息的家伙！你不是战士，你是女人，天生只配纺纱织布！这些狗竟把你俘了去！你是懦夫……

蒙提楚马中了致命伤，倒下了。

科尔特斯好不容易才突出重围。他的士兵一半被打死了。总算他的运气好，阿兹特克人没有去追他，要不然他是绝不能生还的。

阿兹特克人让科尔特斯逃走了，他们又铸了一个大错。科尔特斯召集了新的部队，又回来包围了特诺奇提兰。阿兹特克人英勇地自卫，他们抵御西班牙人几个月之久。但是弓箭怎么对付得了大炮呢！特诺奇提兰被攻打下来，被掠劫一空。

铁器时代的人征服了铜器时代的人。古老的氏族制度在比较先进的新制度压迫下退却了。历史本身就在帮助科尔特斯作战。

少数活下来的自由、骄傲的战士的后裔，开始在农场上做雇农。

第十一章

千里靴

上一世纪的一个作家有一篇故事，叙述一个人侥幸地在市场上买到了一双不平

常的千里靴。

这篇故事的主人公是个很粗心的人，他当时没有发觉他是买错了。从市场回家的途中，他不知在沉思着什么。突然他感觉冷得不得了。抬头一看，只见周围都是冰雪，地平线上有那么一轮朦朦胧胧的红太阳。原来千里靴把他带到北极去了。

换一个人，有了这件奇妙的宝物，一定会尽可能地替自己多寻点儿好处。但是这篇故事的主人公一点儿也不喜爱金钱。在这个世界上，他最喜爱的是科学。于是他就决定利用自己的幸运，去游览、考察地球。

他穿了千里靴跑遍了全球——从北跑到南，从南跑到北。有的时候，冬天把他从西伯利亚的大密林赶到非洲的大沙漠里去，夜迫使他从东半球走到西半球。

他穿着一件旧的黑色短外套，皮带上挂着一只收集标本的箱子，跨越岛屿就像是跨越小石子一样，从澳洲到亚洲，从亚洲到美洲。

他小心地从这一座山峰迈到那一座山峰，有时候跨过喷着火焰的火山，有时候跨过雪山，到处收集矿石和植物，视察古代的庙宇和洞穴，研究土地和生活在土地上的一切东西。

研究人类生活的历史学家也需要穿上这么一双千里靴。在这本书里，我们从这一个大陆走到另一个大陆，从这一个时代走到另一个时代。

有的时候，我们由于跨越宽阔的空间和时间，闹得头昏眼花。但是我们还是不

停地走着。再说我们也没有法子停下来，像穿着普通靴子的人那样去研究细节。

我们一跳，跳过几个世纪，也可能忽略了什么事物。然而，假使我们把千里靴暂时脱掉一会儿，用平常的步子向前走去的话，我们就会被无数"细节"缠得永远不得脱身了。如果在森林里研究每一棵树，那么就会只见树木，不见森林了。

我们穿着千里靴，不仅从这一个时代走到另一个时代，而且还从这一种科学走到另一种科学。

我们从植物学和动物学出来，走进语言学；从语言学出来，走进工具史；从工具史出来，走进宗教史；从宗教史出来，又走进土地的历史。

我们不能避免这样做。所有的科学都是人创造出来的，而且是为了人而创造的。所以在讲人在地球上的生活和人在世界上的地位的时候，所有的科学都是需要的。

我们刚刚去过科尔特斯时代的美洲。

现在让我们再回到公元前四千年或五千年的欧洲去吧。在那里，我们将找到和易洛魁人或阿兹特克人同样的氏族。将找到那由妇女管理一切事务的"长长的"公共房子。

房子里的人尊敬妇女。她既是造房子的人，又是族长。她照料存储冬粮，她掘地、收割谷物。

她干的比男人多。大家也对她比较尊敬。难怪在那个时候，在每一个村庄里，在每一座房子里，都可以找到一尊用骨头或石头雕成的女人——母亲的像。这是传下一族人来的曾曾祖母。她的灵魂保护着房子。人们向她祷告，求她送食粮来，求她保卫房子不受敌人侵袭。

过了一个时期，这个保护房屋的母亲就将在雅典变成手持长矛的女神——护城女神。而且已经不再是很小的女人像，而是一尊很大的女神像，她将保护这一座用她的名字命名的城市[1]。

古老的建筑上出现了裂纹

我们的语言里还保留着氏族生活的残余，但是在我们的记忆里，关于氏族生活的一切却早已荡然无存了。

我们的孩子叫人家"叔叔""阿姨"或者"爷爷""奶奶"——这是村庄里所有的居民全是亲属的那种制度的残余。

甚至于连我们自己，有的时候，也不称呼别人"同志"，而称呼别人"大哥"，叫别人家的小孩是"孩子"。

[1] 这里说的是雅典娜，希腊神话里的智慧女神，也是雅典城邦的保护神。

在别国语言里也保留着这种古代生活的残余。德语把"外甥"叫作"姊妹的孩子"。因为古时候，姊妹们的孩子都留在氏族里，而弟兄们的孩子却归到别的氏族——他们妻子的氏族里去了。

既然直到如今我们还不由自主地想起氏族来，可想而知氏族是很坚固的。

究竟是什么把他们破坏了呢？

在美洲，氏族是被欧洲侵略者的到来所破坏的。在欧洲——在发现美洲前好几千年——氏族是像一座被蛀虫蛀穿了的房子一样，自己毁坏掉的。

事情的开始是由于男人越来越把经济权夺取到自己手里。

从古以来，妇女管掘地，男人管牧畜。在牧畜还很少的时候，妇女的农业劳动居第一位。他

们不常吃肉，奶也不够给大家吃。假若不是靠了妇女和妇女收来的粮食，家里就会没有什么东西可吃了。那个时候，一块大麦饼或者一撮干谷物往往就算是一顿午餐。用来佐餐的是蜂蜜或者是野果子，这又是妇女的手采集得来的。家里的一切事情都是由妇女来支配和管理的。

但是并非永久都是这样，也并非到处都是这样。

在草原地带，谷物生长得不好。草原里的草不愿意把地盘让给谷物。它们用自己的根牢牢地占据着土地。耒耜掘进地里去，遇到的不是松软的土壤，而是结实的草土块，不怎么容易被打碎。

一把耒耜要三四个妇女一起来使劲儿。但是那耒耜只不过把土地划破了一点点。

丢在浅浅的垄沟里的种子被太阳晒干了，被鸟儿啄去了。生长出来的谷物既瘦弱又稀少。

再加上干旱又到田里来做它的淘汰工作：把谷物烤枯，把惯于忍受一切的杂草留了下来。

到了收割的时候，根本没有东西可以收割了。在杂草中间看不见谷穗。草原的草又随风摇晃，就像卷土重来的敌军的旗子一样。

没有谷物，只有杂草！这样还值得弯着腰、驼着背来苦干吗？！

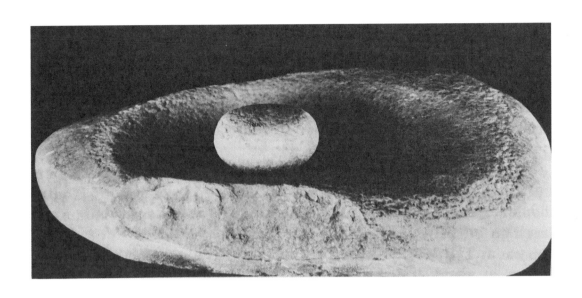

但是人认为是杂草，却是牲畜的食粮。牛和绵羊在草原上吃得多么饱啊！对于它们来说，到处都是自己摆上筵席的台布。

牲畜一年比一年多了。男人们把短剑插在腰带上，跑出去牧畜。牧人的忠实的朋友——狗，帮助他把绵羊赶到一块儿，不许它们在草原上四处散开。牲畜越长越大，越繁殖越多，供给人用的奶、肉和毛也越来越多。

家里的谷物不够吃了，但是可以畅快地吃羊酪，锅里还煮着羊肉汤。

男子的劳动，牧人的劳动，在草原地带渐渐跃居第一位了。

不久，在北方森林地带，男人也把妇女挤到后面去了。

考古学家在岩石上发现一幅画着耕地的农夫的古代图画。这画画得很粗糙，很笨拙，耕地的人像小孩子画的人一样，……但是这画画得好不好与我们没有多大关系。对于我们来说，这不是一幅画，而是一个证人。这个证人明明白白地告诉我们，耕地的人跟在犁后边，而犁是被公牛拉着在走。

这大概是人类历史中的第一把犁。它还非常像耒耜。和耒耜不同的是，它上面装着一根类似

车辕的木棍，这根木棍不是由人来拉，而是由公牛来拉。

人找到了第一种发动机！套在犁上面的公牛——这就是活的发动机，我们用金属做的拖拉机的活的祖先。人把轭套在公牛的身上，就把自己的活交给公牛了。那从前只把自己的肉、奶和皮供给人用的牲畜，把自己的力气也供给人用了。

套着木轭的公牛拉着犁在田里走了。

犁比耒耜掘地深，被翻起来的泥土像一条黑带子似的出现在犁的后边。

最初的耕田人把力气都放在扶犁的把手上。

现在公牛要使出它全身的力气来干活了。人迫使它耕地、脱粒和载运粮食。秋天，公牛被赶到打谷场上，它用蹄子把穗子上的谷粒踩踏下来。然后人又把它套在一辆沉重的、没有轮子的车——"曳木"上，它就把一袋袋的谷物从田里拉回家去。

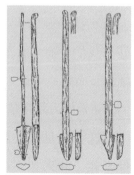

畜牧业来帮助农业了。男牧人同时也做了男农夫。这使他在家里获得比较大的权力。

不错，妇女要干的活还不少。她又要织布，又要纺线，又要收割谷物，又要照看孩子。

但是从前的那种地位已经不存在了。无论在牧场上或在田地里，男人都占了第一位。

她们在家里不常骂男人了。男人开始经常顶嘴，而且变守为攻了。从前，岳母或者外祖母把一个外人从家里赶出去，简直不算一回事儿。现在却要向他献殷勤了。这个从别的氏族来的人是在为大家干活，在养活着一族人，而且，全族的人也都开始舍不得和

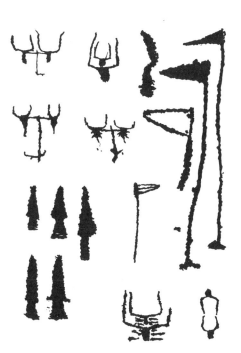

自己族里的男人分开了。

于是，那旧制度就像一棵长了几百年的老槲树一样，发出了破裂声。人们越来越经常地破坏风俗习惯了。从前是女人把男人娶回家去，现在男人开始把女人娶回家去了。

这破坏了旧的风俗习惯，因此把破坏者当作是犯了罪。

新郎不能随便把新娘接回家去，他得偷她、抢她。

在黑夜里，持着长矛和短剑的新郎和他同氏族的人偷偷地走向新郎的氏族所选定的那个女郎所居住的房子去。犬吠声吵醒了那座房子里所有的人。新

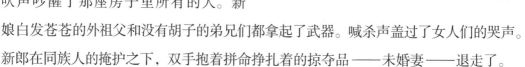

娘白发苍苍的外祖父和没有胡子的弟兄们都拿起了武器。喊杀声盖过了女人们的哭声。新郎在同族人的掩护之下，双手抱着拼命挣扎着的掠夺品——未婚妻——退走了。

一年又一年过去了。破坏风俗习惯的犯罪行为本身渐渐地变成了风俗习惯。新郎和新娘的氏族之间的斗争于是变成了仪式。

送彩礼和付身价代替了流血。甚至于连新娘的母亲和姊妹们送别新娘时候的哭泣都变成了婚礼的一个节目。而最后一个节目是欢宴。

直到如今，还留下来一些古代歌曲，在那些歌曲里嫁到异族去的年轻女郎哭叹自己的命运。

这种命运真是没有什么可以羡慕的。在别人的家里，女人落在男人的权力之下，她没处诉苦：公婆和丈夫的所有亲属全是向着丈夫的。

他们把干活的女人弄到家里来之后，大家都机警地监视着她，不叫她闲坐着，不许她多吃一点儿东西。

母系氏族变成了父系氏族。

现在的孩子们已经不再跟随母亲，而跟随父亲和父系的氏族了。于是血缘关系

就开始从父系，不再从母系了。人们开始把"某某人的儿子"附加在人自己的名字和他的氏族的名字之间。

从那个时候起，在我们这儿就遗留下来这么一个习惯，用父名来尊称人。例如"彼得·伊凡诺维奇"，如同古时候那样说，"彼得·伊凡诺夫的儿子"。

谁也不会想到在人名下面附加上他母亲的名字的。比如说"彼得·叶卡特林诺维奇"或者"玛利亚·达其扬诺夫娜"。

最初的游牧人

人从前找到的奇妙的仓库给予人的东西越来越多了。在草原里放牧着成千成万的绵羊。在田地里，农夫吆喝着在松软的黑土上面不慌不忙迈步的公牛。

在南方肥沃的盆地里布满着芳香的最初的果园和葡萄园。每逢傍晚，人们都集聚在门口无花果树的树荫下。

劳动给予人的东西越来越多，但是工作也越来越繁忙了。

光是葡萄，就得操多大的心啊！把沉甸甸的一串串葡萄采下之后，扔在石头的压榨器里去榨出汁来。葡萄给压碎了，它暗色的血液流进羊皮囊里去。人们为了赞美葡萄酒而唱着巫歌，叙述穿着羊皮的美丽的神和它遭受苦难的事情。

每逢春天，河水泛滥了，灌溉和肥沃了江河下游的土地，自然仿佛亲自照料着农事。

但是这里的农夫的手也不休息。为了留住田地里的水，人们掘沟渠、筑堤坝，把水引向最需要水的地方。

人们向使土地肥沃的江河祈祷，他们并不知道，假使没有他们自己的劳动，地里除了杂草，是根本什么也长不出来的。

农夫越来越操心了。可是牧人也没有工夫休息。在茂盛的草原牧场上，牲畜不是一天一天地长大，而是一小时一小时地长大。牲畜越多，也就越费事。看管十只羊是一回事儿，看管一千只羊是另一回事儿。一大群牲畜很快就把牧场的草吃光了，于是不得不把牲畜群赶到别的牧场去——离村庄也就越来越远。

到后来，整个村庄就开始从原地开拔，跟着牲畜群走了。人们把帐幕载在骆驼的身上，赶着自己的活财产出发。

被遗弃了的、长满了杂草的田地落在后面了。但是人们对于它并不特别爱惜：在那干旱的草原上，很难得有好收成。

在世界上，第一次出现了不仅在一个部落里面的劳动分工，而是部落和部落之间的劳动分工了。

在草原上出现了牧畜人的部落，他们饲养、繁殖牲畜，再拿牲畜去换粮食。他们不是总住在一个地方，而是过着游牧生活，从一片牧场搬到另一片牧场。

游牧人的生活是粗野的、自由的。

他们把自己的帐幕搭在既没有树木、又没有房屋遮蔽的露天的草原上，整个的草原就是他们的家。在长途跋涉的时候，小孩子不是放在摇篮里，而是放在摇来晃去的骆驼背上。

活的工具

游牧部落的生活不是和平安静的。游牧人在自己的途中遇见了农夫的田地和牲畜群，就常常用武力夺取不是自己播种出来的东西。他们到江河两岸去，或者沿着草原走到森林的边缘，劫掠和焚烧村庄，践踏田地，掳去牲畜和人。

他们最需要的是人。人可以被强迫去干活。

部落里总是缺少干活的人。氏族很大，但是干活的人还是不够。牲畜繁殖得太快了，牧人们简直照顾不过来。于是部落就去捉俘虏来帮助自己，把他们变成奴隶。

那些游牧人就是这样干的。

而农夫们也不再是那样和平的人了。

秋季，收割完粮食之后，他们也常常去袭击邻居，用武力从别的部落里夺来存粮、布、装饰物和武器。但是最宝贵的掠夺品也是俘虏。

农夫人手也不够用，他们要完成繁重的农活：掘沟渠、筑堤坝。

从前人们不把俘虏当作奴隶，因为这没有什么意义：多一双手，不会有多大好处。人虽然干活，但是他把他干活得来的东西都吃掉了。通常会把俘虏打死。如果部落里的男人不够的话，就会有一个母亲收俘虏做儿子，俘虏就成为氏族里的一员了。

当大规模的牲畜和丰饶的田地出现之后，一切都改变了。一个人的劳动得来的粮食、羊毛和肉，比一个人需要的分量多了。俘虏能够用他的劳动养活他自己和他的主人。主人只监督俘虏多干活、少吃饭就行了。

于是人就把别人当作自己的活的工具了。

人被贬低了，身上被套了一具轭，就像一只公牛一样。

在走向自由、走向支配自然的路途上，人竟落到了别人的手里去做奴隶。

从前，土地是耕种它的所有的人的共同财产。现在俘虏耕种着不属于他自己的土地。

他驱赶的公牛不是他自己的公牛，他收割的谷物不是他自己的谷物。

在古埃及，奴隶赶着公牛脱粒的时候唱道：

> 践踏麦穗吧，公牛啊！
>
> 践踏麦穗吧！
>
> 收获是属于主人的。

就这样，在人们中间第一次出现了主人和奴隶。

记忆和纪念碑

我们到古代去的旅行，至今为止，旅途是很艰难的。我们曾经不以游览人的身

份在洞穴的迷宫里徘徊，而是以研究工作者的身份在那里考察。所找到的每一件东西都是一个需要解答的谜。在我们的路上，我们没有看见任何指示记号、任何写在路标上的词句，能够有助于我们的搜寻工作的。本来嘛，石器时代的人能给我们留下什么词句呢！他根本就不会写字！

现在我们好不容易走到竖立着指路标的路上了。我们在坟墓的纪念碑上和庙宇的墙壁上找到了最初的题词。这已经不再是从前的那种为鬼神所画的巫术的图画了。这是用图画表现出来的整篇故事，为人所写的关于人的故事。

这里还没有像我们的字母那样的文字。公牛就画一只公牛，树就画一棵枝叶俱全的树。

文字的历史是从图画文字开始的。在这些图画逐渐简单化、变成了确定的符号之前，一定经过了许多年代。

从我们的字母已经很难推测出它们所起源的图画。谁能想到字母"A"是牛头呢？其实只要把"A"倒过来，就是一个有犄角的牛头了。这个有犄角的头，在古代闪米特人的字母里是代表词儿"апеф"——公牛的意思——的第一个字母"A"。

可以像这样追溯一下我们每一个字母的历史。可以证明，"O"是眼睛，"R"是角，"P"是生在长脖子上的头。

但是目前不提这些，我们的千里靴已经把我们送得太远了。

在我们的故事里，我们才刚走到第一批图画文字出现的时代。

人缓慢而没有自信地学习写字。

而他现在已经学会写字了。

在知识和见闻还不多的时候，它们很容易保留在记忆里。传说、神话和故事在口头上传来传去。每一个老年人都是一本活书。人们把传说、神话、处世良规和技艺故事一句一句记住，把这些东西像一笔珍贵的财宝一样，传给自己的孩子们，让孩子们把它们再传给他们的孩子们。但是这笔财宝的分量越重，就越难把它们保存

在脑子里。

于是纪念碑就来帮助记忆了。书写的语言来帮助口头的语言做传递经验的工作了。人们在首领的坟墓上的纪念碑上描绘他的军功和战绩，为了使他们的后人知道这些事情。

人们派遣使者到结盟部落的首领那里去的时候，就在一块树皮或是一块陶器碎

片上划几个图画文字，以免忘记。

坟墓上的纪念碑——这是最初的书；一块桦树皮——这是最初的信。

我们以那些帮助我们克服距离和时间的电话、无线电收音机和录音机为傲。我们学会了用无线电把语言传达到几百、几千公里之外的地方去；被录在磁带上和塑料盘上的我们的声音过几十年或几百年也能够重新发出来。而在我们之前很久很久，我们的祖先就用投递树皮书信的方法克服了距离，用纪念碑上的题词克服了时间。

有很多有声有色地叙述古代进军和战役的纪念碑保存到现代。石头上面刻着拿着剑和矛的战士的像，战胜者威风凛凛地凯旋，在他们的后面跟着反绑着两手、低着头的俘虏。在这些代表文字的图画里，我们可以看见手铐——这是奴隶制度和不平等的记号。这个记号证明人类历史新的一章的开始——奴隶制度的开始。

以后我们在埃及古寺的墙壁上找到许多这一类的图画。

你瞧，这是一长队奴隶，他们把砖搬向建筑场。一个人把一叠砖扛在肩上，用两只手扶着。另一个人用扁担挑着砖，就像我们现在挑水一样。泥瓦匠在砌墙。那儿一个监工就坐在砖头上，他把胳膊肘搁在膝上。他的手里拿着一根长棍子。他用不着干活，他的职务是迫使别人干活。另外一个监工在正建筑中的房子旁边散步，他吓人地把手举在奴隶的头上，可见得这个奴隶不知怎么得罪他了。

奴隶和自由人

当奴隶制度已经巩固，变成了社会制度的基础的时候，希腊诗人提奥格尼斯曾经写道：

> 葱里长不出玫瑰花，
> 女奴养不下自由人。

但是起初，人们还并不把奴隶算作劣种人。自由人和奴隶都在一起住，在一起干活，组成一个大的氏族公社。

这个氏族公社的首领和指挥者是父亲、族长。他的儿子们和他的妻子女儿们、他的奴隶和女奴们都和他同住在一所房子里，都服从他的命令。父亲对于不听话的儿子和不听话的奴隶，同样地都有权力用"杖"来惩罚他们。

老奴隶和主人说话的时候，就叫主人是"孩子"，主人也按照旧习惯，叫他是"父亲"。

如果你读过《奥德赛》，你大概就会记得那个和自己的主人同坐在一张桌子前不拘仪式地大吃大喝的牧猪老人叶夫梅。编《奥德赛》的人民歌手们唤牧猪人是"和

神平等的人"，就像他们把部落的首领唤作"和神平等的人"一样。

但是歌曲里的话并不完全可信。牧猪老人叶夫梅既不和神平等，也不和主人平等。他是被强迫干活的，而主人干活是自由的。在家里，对于一个奴隶的要求比对自己家里人的要求要多，而给予他的却少。奴隶是财产，而自由人是财产的所有者。

主人死的时候，奴隶像一件东西一样，和全部财产一同转移到主人的儿子手里。

在这个氏族公社里，已经不再有从前的那种平等待遇了。

在这里，父亲命令子女，丈夫支配妻子，婆婆管制媳妇，年长的媳妇支配年幼的媳妇。但是地位最卑贱的是奴隶，他受所有人的驱使。

在氏族和氏族之间也没有从前的那种平等了。有的氏族牲畜多，有的氏族牲畜少。而牲畜是一笔很大的财富，公牛可以用来换取布匹或换取武器。难怪最初的青铜钱币是铸成摊开的牛皮模样。

更大的财富是奴隶。

奴隶放牧猪、牛、羊。每天晚上，奴隶把牲畜赶到围着坚固的栅栏的厩房和圈栏里去。奴隶帮助收割谷物，奴隶把葡萄榨出汁来，把橄榄榨出油来。仓里存着大堆金黄色谷粒。香气扑鼻的油从漏斗流进泥制的大容器——双耳瓶里。

奴隶帮助自由的人干活，最艰苦的劳动都是归奴隶的。

战争变成了有利的事情。战争可以获得奴隶，而奴隶创造财富。

于是自由的人就把奴隶留在家里放牧牲畜和种地，自己却出去打仗。

围攻堡垒

战争给人们添加了工作。必须有剑和矛，必须有战车，才能够进攻。

人们把快马套在战车前面，于是它们就载着战士在战场上奔驰。

可是在战争中，进攻和防御是分不开的。为了保护自己不让敌人的剑和矛刺伤，战士们把头盔戴在头上，把盾牌拿在左手里。他们把氏族的共有房子用泥土或大石块垒成坚固的墙围了起来。

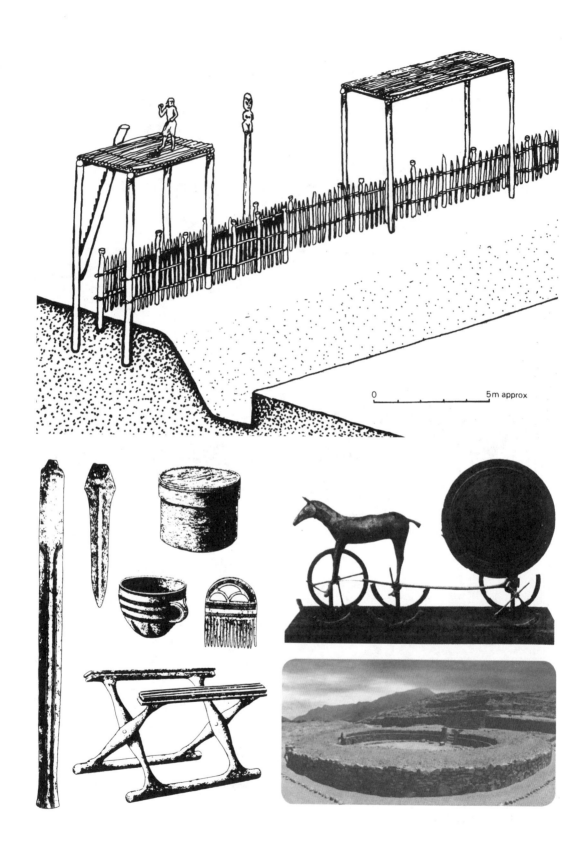

274

氏族越是富强，它就越关心到自己的防御工作。在高冈上耸立起巨大的堡垒，里面有几十间屋子和仓库，沿着墙壁有碉堡和坚固的大门。

从堡垒的墙头上可以望得很远。草原上出现了一团团的烟尘和在太阳下面闪光的矛头，堡垒里的人就已经准备迎敌了。农夫急忙把自己的牛赶回去，牧人急忙把牧畜赶回去。最后一个人走进了房子。沉重的大门就紧闭起来了。墙头上和碉堡里的战士们等待着敌人，预备向敌人迎面射去大群的羽箭。

围攻的人迫近堡垒后，就在堡垒的附近扎下

了营帐。他们知道，堡垒不是那么轻易攻得下来的。要攻破那些高大的墙，恐怕一个月都不成。

每天早晨堡垒的门都会被吱咯一声拉开。

从大门里跑出一大群手持着长矛的战士，他们到空旷的田野上去决定战争的命运。他们狂怒地用剑向敌人光亮的头盔上砍去。他们既不宽恕敌人，也不怜惜自己，一直战斗到筋疲力尽。一边是为保卫自己的家、自己的妻子和儿女的热情所鼓舞，另一边是为那拿不到手的财富而愤怒。深夜，还活着的堡垒保卫者在黑暗里退回去。战事沉寂到黎明。

一天又一天地过去了，被包围的人勇敢地和进犯者战斗着，但是比敌人的剑和箭更可怕的是饥饿。

当地窖里已经没有谷粒而只剩下灰尘，当双耳瓶里倒出的油开始变成断断续续的一滴一滴——这时候堡垒里响起一片哭声。饥饿的孩子们大声地哭，女人们偷偷地擦去眼泪，以免触怒男人们。

每经一次出击，堡垒里的守卫者就少一些。最后，

终于有一天，敌人追在败退的人后面，闯进堡垒里来了。他们不让高大的墙留下一块完整的石头。在人们曾经居住、干活和欢宴的地方，只剩下了一堆废墟和被杀死的人的尸体。成年人和小孩子都被战胜者带走了，这些自由的人就成了奴隶。

死人讲述了活人的事情

　　辽阔地展延在俄罗斯南部的大草原里，有些地方有高耸在地平线上的土丘。当地的居民谁也不记得这些土丘是什么人拿来堆在平坦的草原上的。

　　假使你再认真地向一个一个人打听，那么就可能会有一个百来岁的老人告诉你，这是"鞑靼将军"或"鞑靼将军之女"的坟墓。但是究竟这个"鞑靼将军"是谁，他们什么时候在这里住过，老人却说不明白了。

　　你应该去追问发掘土丘的考古学家。

　　老人只记得在他自己这一个时代发生过的事情，考古学家却知道在他们出世之前许多世纪的事情。

　　这些土丘是从前在草原上居住过的古代人们的埋葬地。

　　发掘土丘的时候，可以在它的深处找到人的骸骨，骸骨的旁边有：陶壶、石制的或青铜制的工具、几根马的骨头。

　　这是给死者的行李，叫他带了去长途旅行。

人们相信，人死了之后还是要吃饭和干活，相信妇女的鬼魂需要她的纺锭，男人的鬼魂需要他的长矛。

最古的埋葬都是一样的。人们把几件本来属于死者的东西放在死者的身旁。

起初，人的东西很少。什么东西可以称作是他"自己的"呢？顶多不过是戴在脖子上的一个护身符，或者是他用来打败敌人的长矛。

家里的一切都是共有的。家事由全氏族的人一同商量着管理，因此最古的土丘不分富人的墓和穷人的墓，所有的死者都是平等的。

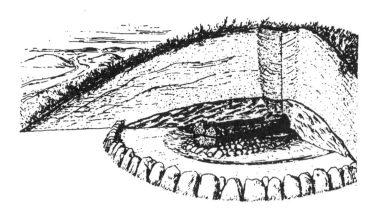

死者中有富的和穷的是以后才出现的。

在顿河上的叶丽莎维托夫斯克村附近，找到了三个等级的古冢。一种古冢里埋着富人，另一种古冢里埋着中等人，第三种古冢里埋着穷人。

在最大的古冢里发现中间有一个很宽敞的坑——墓穴，墓穴里有描花的花瓶，用黄金装饰着的甲胄和雕饰得很精致的短剑。

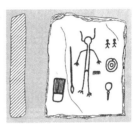
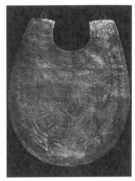

在比较小一些的古冢里就很难得找到金器，而描花的花瓶却根本看不到。但是这些坟墓还不算是穷的。假使死者是穷人的话，就连这个涂着黑漆的碟子和这具用金属片制成的精巧的甲胄也不会放在他的坟墓里了。

在坟场上，最多的是小丘，这是穷人的坟。在一个窄小的墓穴里，死者的右手旁边放着一支长矛，左手旁边放着一把壶，为了使他渴得难受的时候能够喝一个饱。穷人到了坟墓里还是个穷人。

俗语有"和坟墓一样缄默"。但是难道这些坟墓是缄默的吗？它们不是向我们说明世界上最初出现了富人和穷人的那个时代吗？死人讲述了活人的事情。

假使我们离开这些坟墓，走到离古冢不远的村落的废墟上去。在那里，我们也可以看到从前的富人和从前的穷人的遗迹。考古学家发现，这片村落有两道墙，一道墙围绕着村落的外围，另外一道围绕着位于河岸上的村中心地区。在村中心地区找到了许多贵重的食器和花瓶的碎片。而在里墙和外墙之间的外围地区，差不多完全没有发现这种碎片。这里扔着最普通的罐子和水壶的碎片。显然，在村的中心地

区居住的人比在村的外围地区居住的人要富有。他们买得起描花的盘子或者黑漆的碗。

　　所以在他们的坟上，后来堆起了那么高的土丘，老远就看得见。

　　就是这样，坟墓讲述了埋葬在它们里面的人们的事情。有的时候，它们叙述一些很可怕的事情。他们叙述被杀死了来伴葬主人的奴隶的事情，叙述被强迫跟着死去的丈夫一同走进坟墓里去的妇女的事情。

　　坟墓比任何书籍都雄辩地说明了富有的氏族的族长——父亲的虐政。族长死去的时候，把妻子和奴隶一同带到坟墓里去，因为他们跟青铜制的和金制的贵重物品一样，是属于他的。

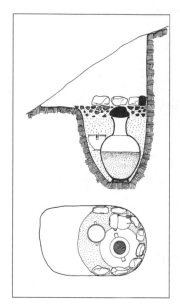
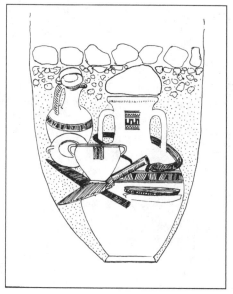

人创造新的金属

在坟墓的黑暗里和村落的废墟里躺了几千年的贵重的东西，现在保存在博物馆里。那曾经被埋没了许多年没有人能看到的东西，现在陈列出来展览，让每一个人都能亲眼看到远古的情景。

参观博物馆的人在玻璃柜前面逗留了很久，仔细地观察那些有金柄的宝剑，做得极精细的小链条，用金制的小牛头串成的珠串和制成牛形或鹿形的银碗。

每一件东西要多少劳动和技巧才能够做得出来啊！

做一把最普通的青铜短剑都要花费掉许多天的劳动。

先要开采矿石。那天然的铜在脚下踢

来踢去的时代早已过去了。为了取得铜矿石，也和取燧石一样，得深入到地底下去开采。人们在很深的矿穴里，用镐头敲下矿石，然后用皮袋把它吊到地面上去。

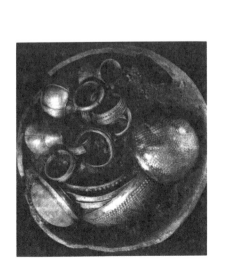

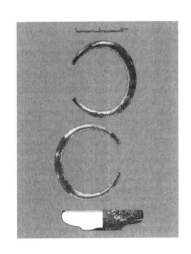

　　为了敲碎石头容易一些，人们在矿穴里点起火堆，石头烧到炽热的时候，人们用水浇它。水哧哧地响着，化作一团团的水汽。石头发着爆声，碎裂成一块块儿的。火和水帮助掘矿人的镐头。

　　那个时候，矿穴简直就像火山。从矿穴的口里喷冒着一团团水汽，被下面的火光照亮着，就像火山口一样。难怪直到如今，我们还用古代锻冶神伏尔甘的名字来称呼火山[1]。

　　开采到矿石，再从矿石里炼出金属来，这也需要很高的技巧。

　　为了使金属变得坚硬一点儿，用它铸造成制品的时候容易一点儿，人们把锡石加到铜矿石里去。

　　这样就造出了铜和锡的合金。这已经不是普通的铜了，而是青铜——是人的手创造出来的有新的性质的新金属。

---

[1] "火山"俄语是 вулкан，英语是 volcano，词源都是罗马神话里火神或锻冶神的名字 Volcanus（伏尔甘）。

从前在粗糙的石器的时代。一个人很容易去代替另外一个人干活。学会技艺不是一件很难的事情。在狩猎的部落里，所有的男人都是猎人，他们每一个人都会为自己制造弓箭。

但是把一根有弹力的小树弯成弧形并且两端系上弓弦，这是一回事儿，把一块矿石变成亮闪闪的青铜剑，却是另一回事儿了。

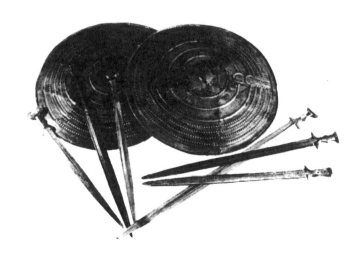

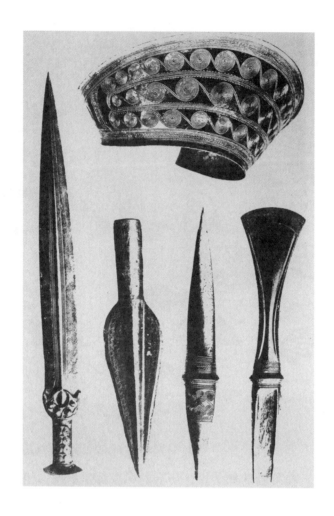

人们要学好多年，才能学会武器匠的手艺。儿子向父亲学。手艺成了一族人的传家宝，一族人的遗产。有的时候，整个村子都居住着陶工、武器匠或冶铜工人。他们的名声传播到很远。

自己的和别人的

起初，每一个工匠都只为自己的公社、自己的村落干活。

但是越到后来，武器匠或陶工就越常用自己的制品去换粮食、布和别的工匠的手所制造出来的东西了。

古代的氏族制度就像矿穴里被水浇了的石头一样，开始出现裂纹。

从前，村落里的人都是平等的。现在一道裂纹把富有的氏族和贫穷的氏族隔开了，另一道裂纹把工匠和农夫隔开了。

在工匠替自己的公社干活的时候，公社养活他。人们都在一起干活，共同分享大家所得来的东西。

但是当工匠开始把自己的剑和锅卖给外人的时候，他就不愿意再把用自己的制品换得的粮食或布分给同族人了。

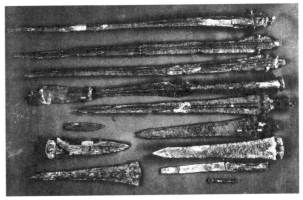

这样人就开始把自己的和别人的分开，把自己的家和同族人的家分开。

人们开始分开过日子了。

在希腊，在米肯和提林夫，找到了村落的废墟，这些废墟已经清清楚楚地说明人们分开过日子了。

在高冈顶上的坚固的围墙里住的是最富、最强的家族。这个家族一定有必须

藏在石头围墙里的东西。这里住的是全
部落的军事首领和他的儿子、儿子的妻
子儿女们。在下面的平地上，比较穷一
些的人——农夫拥挤地住在他们的茅屋
里。附近的山丘上，散散落落地有一些
手艺匠——武器匠、陶工和冶铜工人的
房子。

在这片村落里，人们彼此之间已经不
再平等谈话了。农夫们看见有钱有势的部
落首领的时候，恭恭敬敬地向他请安。他
们相信，神明是庇护强者的。这是祭司教
给他们的，他们从小就被灌输这种思想。

农夫们也不把手艺匠和掘矿工人看作
自己的弟兄了。这个从喷火的地底下取铜

的、熏得漆黑的人莫非是巫师吧？他怎
么能够知道他的脚下有些什么呢？他在
哪里找到矿石的？显然有人在指示他挖
掘什么地方，显然有人在帮助他采矿，
帮助他用一种奇妙的方法把矿石变作铜
和青铜。在地底下，掘矿工人一定有神
秘的保护者，普通人最好能离开他们远
一点儿。

  不仅是希腊人这样想，到处的人都
是这样想。有许多锻冶匠巫师的故事，从远古时代传到现代，有许多说明从前人怎样
看待富人和穷人的词汇也传到了现代。从前，人们不明白，富人和穷人是怎样分出

来的，他们认为人的命运是神明决定的。在我们的语言里"富人"这个词起源于词"神"，这个词是在人们相信神帮助富人而只把不幸送给穷人的那个时期产生的[1]。

在这本讲人的故事里，我们已经讲到人类开始分作阶级——分作奴隶和奴隶主、分作富人和穷人的时期。

在最古的原始公社制度的时期，人们的工具是共同的，房子也是共同的，人们共同干活——采集果实、打猎、捕鱼——然后分享获得物。

可是现在，人们学会了冶炼金属，出现了牲畜群和田地，锻冶铺的锤子吭吭地响了起来，陶工制陶器的旋盘旋转了起来，梭子在织工手底下穿来穿去。开始有了牧人、农夫和工匠之间的分工，开始有了氏族和氏族之间、公社和公社之间的物物交换。牧畜人用羊毛和牲畜去换谷物。手艺匠用自己的壶罐、斧子和织物去换羊毛、麻和粮食。

这一切就使得有的人变得富一些，有的人变得穷一些。越往后，财富也就越加集中到少数人的手里了。

富人和强者使穷人服从他们，他们奴役穷人。那些从前曾经是自由的人变成了奴隶：他们不再为自己干活，而替旁人干活了。

这样，原始公社制度开始转变成奴隶制度。

---

[1] 俄语里富人是 богатый человек，神是 бог，богатый 和 бог 是同一词源。穷人是 бедняк，不幸是 беда，бедняк 和 беда 也是同一词源。

第十二章

科学的开始

从前，人曾经感觉到，整个世界是神秘莫测的。一切都是不可解的，一切都是不可思议的。

一举足，一挥手，都会触发那可以使人毁灭、也可以使人幸福的未知力量。

经验还太微弱和无助，因此人们对未来简直没有一点儿把握，不知道在黑夜之后白昼会不会来临，在冬季之后春天会不会来临。

为了帮助太阳升上天空，人们举行巫术的仪式。在埃及，那个认为是太阳化身

的法老每天都得绕着庙宇走一圈，为的是使太阳能走完它该走的那一周。

秋天，埃及人过"太阳拐杖节"。他们认为到了秋天，必须给一天比一天衰弱的太阳拿一根拐杖，好让它能够继续它的行程。

但是人不停地干着活，人越来越认识到世界和东西的性质了。

那磨光石头的原始工匠，用自己的手和自己的眼睛去研究石头的性质。工匠知道，石头是硬的，他知道，如果用力去敲击石头，就可以把石头敲碎，他知道，敲它的时候，它是不会喊叫的。不错，石头和石头又不同。这块石头不说话，但是另一块石头会不会突然开口说起话来呢？这种假定会使我们忍不住要大笑，但是原始人想的和我们不一样。

原始人还不会推导规律，因此对于他，一生都充满着例外。他看见，世界上没有两块相同的石头，因此他感觉到，它们的性质可能也是不同的。在他用石头制造新的耒耜的时候，尽力想法把它做得和旧的一模一样，好使它能够同样好地掘地。

但是一世纪又一世纪、一千年又一千年地过去了。各种各样的石头到过人的手里，于是渐渐地构成了关于石头的一般概念。所有的石头都是硬的，这就是说，石头是一种硬的东西。没有一块石头说过话，这就是说，石头是不会说话的。

就像这样，出现了科学的最初的种子——关于事物的概念。

工匠说，石头是硬的，他已经是指

所有的石头说，而不只是指手里拿着的那一块说了。

这就是说，他已经知道了自然界的某种规律，知道了存在于世界上的某种规律。

"冬天之后是春天。"这不会使你我觉得奇怪，因为这是当然的事，冬天之后就是春天，而不是秋天。但是对我们的祖先来说，四季的更换却是最初的科学发现之一，是他们经过了长期的观察之后才发现的。

人们计算年份，只是在他们明白了冬天和夏天的重复并不是偶然的，明白了冬天后边一定是春天，春天后边一定是夏天和秋天，只是在明白了这些之后才开始的。

在埃及，人们观察了尼罗河的泛滥，才发现这件事情。在那里就像这样计算年份：从这一次河水泛滥到下一次河水泛滥算一年。

观察河水的工作由祭司担任，因为人们相信，河是神明。直到如今，建立在岸边的埃及庙宇的墙壁上，还保留着祭司用来记水位的线道。

七月里，田地由于炎热而龟裂了，农夫焦急地等待着，尼罗河的黄色的含着淤泥的水会不会很快就流到沟渠里来。再说它会不会流来呢？万一神明对人们发怒，不把水送到田地里来又怎么办呢？

礼品和供物从四面八方聚集到庙宇里去。农夫们甚至把最后的几把谷粒拿去献给祭司，温顺地请求祭司更恳切地祈求神明。

每天早晨天刚黎明，祭司走到河边去探视，河水涨了没有。

每天晚上他们爬到庙宇的平坦的屋顶上去，跪着遥望远处的星。在他们看来，星空就是日历。

于是最后，祭司在庙宇里隆重地宣布道："神已经俯允祈求——再过三夜，水就来灌溉田地。"

人们慢慢地、一步一步地掌握了在他们看来是新的世界：世界不是神秘莫测的，而是知识。庙宇的屋顶曾经是最初的天文观象台，陶工和锻冶匠的作场是最初的做试验的实验所。

人们学习观察、计算和做结论。

这种古代科学和我们现代的科学很少有相像的地方。它还很像巫术。

人们不仅观察星，而且还用星来预卜吉凶。他们一面研究天和地，一面向天地的神明祷告。

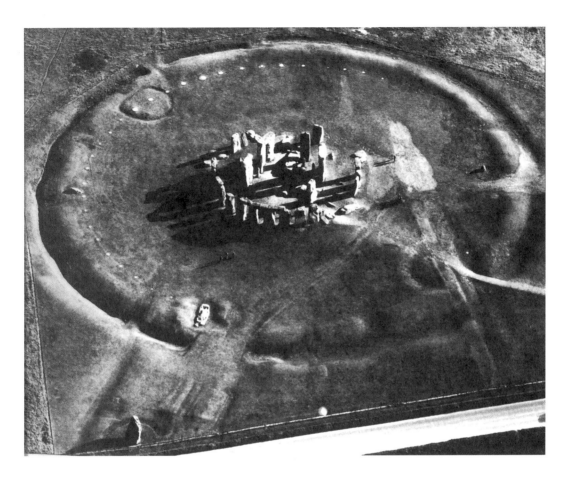

但是尽管这样，无知的迷雾仍然逐渐地消散了。

神明上了奥林匹斯山

在神秘世界的迷雾里，逐渐在人的面前显露出事物真实的轮廓。

从前，原始人相信到处都住着灵魂：在每一块石头里、在每一棵树里、在每一只动物里。

这种迷信已经成为过去了。

人不再以为，每一只动物里边都住着灵魂了。在人的想象里，住在森林里的森林的神代替了一切野兽的灵魂。

农夫不再相信，每一捆稻谷里都有灵魂。在他的想象里，一切谷物的灵魂合并成了丰收女神，是她使谷穗生长的。

这些来代替以前的灵魂的神明已经不再住在人间了，知识把它们从人类的住所越排挤越远。于是神明就把自己的住处搬到人还没有去过的地方——树木繁茂的山顶上的阴暗、神秘的丛林里去了。

接着人又到那里去了。知识照亮了丛林，驱散了笼罩在山坡上的迷雾。

于是被赶出新的安身处所的神明就升上了天，下到了海底，躲到地底下的地下王国里去了。

神明越来越难得在人间出现了。关于神明怎样降到地面上来参加战役和攻打堡垒的传说，在人们的口头上传来传去。

拿着剑和矛的神明们干涉人们的争执。在最危急的关头，它们用乌云掩护住首领，用闪电打击敌人。

但是讲这些故事的人又补充说，这是很久很久以前的事情了。

人的经验就像这样越来越深入自然的秘密，光明的圈子越来越大，迫使神明从近处退到远处，从现在退到从前，从这个世界退到另一个世界。

跟神明打交道变得不容易了。从前，每一个人都能够创造奇迹，举行巫术的仪式，而且仪式也比现在简单得多。比如说，要唤雨，只要含一口水，在跳舞的时候喷出去就行了。要驱散乌云，只要爬到屋顶上去，模仿风的样子吹一口气就行了。

人们都相信"物以类聚"：水向水流，风向风吹。如果地上洒了水，这些水点就会把乌云里的水召下来。

但是现在人开始了解，用这种方法是请不下雨来的。人得到了一个结论，神明并不那么轻易听从咒语。于是在普通人和神明之间出现了祭司，他们懂得所有的复杂仪式，知道关于神明的一切奥妙传说。

从前，巫师仅仅是某种猎人舞的司仪者、指挥者。对于灵魂，他并不比他的同族人更加亲近。

祭司却是另一宗事，他住在神圣的丛林里，和神明做邻居。他爬到庙宇的屋顶上去，在星空这本大书上读出神明的意志。只有他一个人会读这种星空的书。在打

仗之前，他根据动物的内脏预言胜败。

祭司变成了人和神明之间的中介人。

神明和普通的人越离越远了。

神明对于所有的人一视同仁的时代已经成为过去了。人们打量一下自己和自己的生活，就看出，从前的那种平等已经不复存在了。

"就是应当这样的，"祭司教得人们说，"人应该把一切都献给神明。神明统治世界，就像皇帝和首领统治人民一样。"

但是并非所有的人都服服帖帖地听从祭司的训谕。也有些人，不愿意向神明的意志屈服。

到后来，连希腊的诗人都要问道："宙斯神的公平究竟在哪里？好人受罪，恶人享福。孩子为了父亲的罪过受到刑罚。只好向留在人间的唯一的神——希望之神祈祷。别的神都上奥林匹斯山^[1]去了。"

---

[1] 奥林匹斯山是希腊东北部的一座高山，古代希腊人将其看作神山。希腊神话里的许多神都住在奥林匹斯山顶。

世界扩大了

原始人不会分辨真实和神话、知识和迷信。

要经过几千几万年，才能够使知识和迷信分离开，就像牛奶必须放一些时候，才能够分离出奶脂来一样。

流传到现代的诗歌和传说里，很难把部落和首领的历史跟神明和英雄的神话分开，把真实的地理跟虚构的地理分开，把最初的关于星的知识跟古代的传说分开。

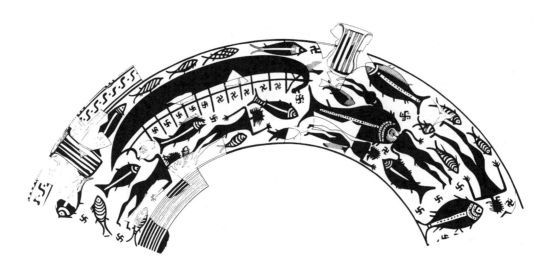

希腊人在《伊利亚特》和《奥德赛》里，给我们留下了他们最古的诗歌和传说。这是两篇诗歌，吟咏希腊人怎样围攻和毁灭了特洛伊城，后来希腊的一个部落的首领——奥德修斯——先在海上漂流了很久，才设法回到了自己的故城伊萨卡。在特洛伊城下，神明和人们并肩作战——有的神帮助围攻者，有的神帮助被围者。在神所宠爱的人有危险临头的时候，神就把他提了起来，安全地摄走了。神明在奥林匹斯山顶上欢宴的时候商议着：是再来一次战争呢，还是使敌对的人讲和。

在这些古代的传说里，真实和虚构混在一起。在它们里面，哪些是历史，哪些是神话呢？从前，希腊人究竟在特洛伊城下打过仗没有呢？而且事实上究竟有没有过那么一座特洛伊城呢？

关于这些问题，学者们争论了很久，直到最后，考古学家们的铁锹解决了这些疑问。考古学家们按照《伊利亚特》的指示，到小亚细亚去，在应该有特洛伊城的地方，掘出了特洛伊城的废墟。

　　《奥德赛》里所讲的也并非全是虚构，地理学家证明了这一点，他们在地图上考察出来了奥德修斯的旅程。假使你拿一张地图出来看看，你就可以在那上面找到食莲国、埃俄罗斯岛，甚至于还有斯库拉和卡律布狄斯，那就是当奥德修斯穿过这两个地方之间差一点儿把他的船打破的地方。

食莲国就是非洲的黎波里海岸，埃俄罗斯岛就是现在叫作利帕里群岛的那些岛屿，斯库拉和卡律布狄斯是西西里和意大利之间的海峡。

但是假使你想根据《奥德赛》来研究古代世界的地理，那么你仍然是会铸成大错的。

在这描写旅行的第一本书里，地理披着神话的外衣。在它里面，山变成了住在岛上的妖怪和野蛮人——变成吃人的独眼巨人。

那个时代的人只熟悉自己的故乡。不错，商人也乘了船在大海里航行，但是连他们也不敢离开海岸太远。在辽阔无边的大海里航行是很可怕的。那时候人们航海没有指南针，也没有地图，只是摸索着，看着太阳和星寻找道路，把岛屿上的随便什么岩石或岸上的大树当作灯塔。

大海里面隐藏着千千万万的危险。宽宽的、像只碗一样的船，即使在微小的海浪里也会摇晃。硬的船帆很不容易操纵。风不肯听人的话，它把船像一根小羽毛似的拨弄着。

好不容易才把船靠拢了岸边，疲乏的水手们把船拖到沙滩上。在这里，在陆地上，他们可以休息了。

但是他们的心还安定不下来。陌生的地方比大海还要可怕。水手们疑神疑鬼地仿佛看见了他们从别的水手那里听来的吃人妖怪。每一只没有看见过的野兽都变大了，变成了妖怪。

水手们在陌生的地方不敢深入内地。

但是尽管这样，每一次新的旅行仍然把世界扩大了。那未知世界的边界，神话世界的边界，越来越向远处推移。最勇敢的水手们一直航行到海的大门口，这以外就是大洋了。在他们看来，这种大洋也和宇宙一样地无边无际。回到了家里，他们告诉人家，说他们走到了世界的尽头，说陆地的四面八方都被海洋包围着。

再过几千年，人们从欧洲到了印度，从中国到了欧洲。航海家横渡重洋，在大洋的那边找到了居住着人的陆地。

但是神话还很久很久地伴随着关于地球的科学。

发现美洲的哥伦布曾经相信，地球上有一座很高的山，上面就是天国。他写信给西班牙国王说，他希望能够走到天国跟

前去，把天国的周围研究一下。

在我们这里，在俄罗斯，十五世纪的时候人们还相信，在乌拉尔山的那边有一种人，他们冬季和熊一样进入冬眠。古代的手抄本《东方国家的奇人》留传到了现代。这本手抄本里详细地叙述，有一种人嘴长在脑门上，有一种人没有头，眼睛长在胸口。我们觉得这些话很可笑，但是连我们自己都让妖怪住在我们所不能去的世界里。我们已经很仔细地研究过地球了，因此在我们的时代，神话和幻想故事就不得不搬到月亮和火星上去了。

最初的歌手

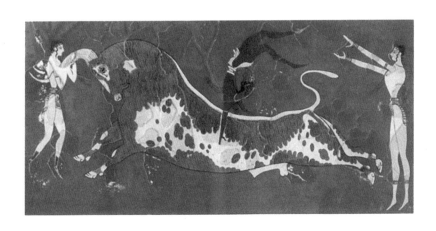

每过一个世纪，人类生活中的神秘和不可解的事物就少一些。工匠们越来越相信自己的手和自己的眼睛，不常依靠符咒了。

巫术渐渐地离开了生活，就像太阳升起的时候雾离开山谷一样。

在仪式里，在祭神的游戏、舞蹈和歌唱里，巫术保存的时间久一些。但是就是从那里，从它自己的家里，巫术也被觉醒的理智无情地驱逐出来了。

巫术离开了巫术的舞蹈和歌唱，留下的就只是单纯的舞蹈和歌唱了。

在希腊，农夫为感激赐果实给人们的狄俄尼索斯神[1]而举行巫术游戏，起初这

---

[1] 狄俄尼索斯是希腊神话里的酒神。

是祭神的巫术游戏。人们歌唱着关于狄俄尼索斯的死和复活的歌，为了帮助自然界在死寂的冬季长眠之后再度复活，给予人们粮食、果实和酒。

戴着野兽面具的人们在村里的祭坛周围跳舞，领唱人歌唱狄俄尼索斯的受难，合唱队用伴唱来回答。

这个古代的巫术游戏已经很像演戏了。领唱人不仅歌唱神的受难，而且还用动作来表演。他捶打自己的胸膛，他号哭着把双手举向天空。在神复活的时候，戴面具的人们就表示狂欢，互相取笑，互相捉弄。

再过几世纪之后，巫术又离开巫术的戏剧了。

但是戏剧本身却留了下来。人们还是照旧地游戏、唱歌和跳舞，但是他们不再表演神的受难，而表演人的受难了。人们将望着戏台笑或是哭，为英雄精神和丰功伟业而惊喜，嘲笑那罪恶和愚笨。

就像这样，古代合唱队的领唱人变成了悲剧演员，快乐的戴面具的人变成了丑角和喜剧演员。

领唱人不仅是最初的演员，他还是最初的歌手。起初，他跟合唱队一同唱歌，后来，他就开始独自唱歌了。

唱歌和仪式分开了。歌手在举行祭神的游戏的时候唱歌，在首领和护卫兵一同欢宴的桌子前面也唱歌。歌手一面弹着弦子，一面唱歌，有的时候，甚至于还跳

舞，按照古代的习惯，把歌词、音乐和动作配合起来。他一个人又是领唱人，又是合唱队。他又唱主调，又伴唱。

歌手究竟唱些什么呢？他歌唱神明和英雄，歌唱那些连最勇敢的人都要吓得逃走的、自己部落的首领。

这种歌不是咒语，也不是巫术。这是鼓励人去创造新的丰功伟业的故事。

还有歌唱爱情、歌唱春天、歌唱悲哀的歌！它们是从哪里来的呢？它们也是从

前人们举行婚丧喜事、收获粮食或者采集葡萄时的仪式里脱胎出来的。两个合唱队轮流唱着短歌。坐在纺车前的姑娘往往唱起这些歌，摇着孩子的母亲也唱这些歌。

歌唱春天的歌，人们开始不在春天也唱，歌唱爱情的歌，也不仅仅在举行婚礼的时候唱了。

是谁最初创作了歌唱英雄和歌唱爱情的歌曲呢？

我们不知道这件事情，正如同我们不知道是谁制造了第一把剑或第一架纺车一样。不是一个人，而是千百代的人创造了工具、歌曲和词汇。歌手并没有自己创作歌曲，他是把从别人那里听来的歌传授给别人。歌曲从一个歌手传到另一个歌手那里，逐渐地成长、变化。就像小溪汇集成大河一样，短歌也聚集成了诗篇。

我们把《伊利亚特》称作荷马的著作。但是荷马是谁呢？

关于他的事情，只有一些传说传到我们这个时代。大概荷马也跟他所歌唱的英雄一样，只是传说里的人物。

最初歌唱英雄的歌创作成功的时候，歌手还跟自己的氏族、自己的部落有密切的关系。人们的一切事情都是共同来做的，歌曲也是由几代人的共同劳动所创作的。歌手甚至于把上一代所遗留下来的歌词改造、修饰了以后，也并不认为自己是作者。

但是后来，人们开始分"自己的"和"别人的"了。氏族分裂了，不再像以前那样是一个整体了。工匠为自己做工，他不再感觉自己是氏族手里的听话的工具了。

过了几世纪之后，诗人提奥格尼斯说：

我把我的印记盖在这些诗上，盖在我的艺术果实上。谁也不能窃取它们，不能顶替。每一个人都将说："瞧，这是梅加腊[1]的提奥格尼斯的诗。"

氏族制度的人决不会这样说的。

人越来越经常说到"我"字了。

那个人以为不是他干活，而是有人用他来干活的时代早已远远地落在后面了。

歌手还提到给他灵感来作歌的缪斯女神[2]，还提到他的"唱歌天才"是神赐给他的，但是他已经不再忘记自己了。

缪斯给了我词句，

人们对我的纪念将永不消逝。

---

[1] 梅加腊是古希腊科林斯城邦的一个地名。

[2] 缪斯是希腊神话里的掌管文艺和科学的女神。

在希腊女诗人萨福[1]的这些诗句里，旧的思想和新的思想联结起来了。萨福还相信，词句是缪斯女神赐给她的，而不是她自己像掘矿工人在山里找到矿石一样在语言里找到的。但是在这两行诗句里，已经可以听到她知道自己的名字不会被人们忘记的创作者的骄傲，这是诗人的骄傲。

人就像这样成长着。他长得越高，他周围的地平线就越加辽阔了。

---

[1] 萨福是大约公元前七世纪到前六世纪的古希腊女诗人。